用 DISG 性格模型发现自我

性 格

[德]洛塔尔·赛韦特，弗里德贝尔特·盖伊 著　何俊 译

陕西新华出版传媒集团
太白文艺出版社

导　语

花一分钟来思考下你的性格

你的性格会在特定情境下的行为风格中体现。成功人士了解其行为趋向，学着让自己的行为风格顺应具体情况，做到游刃有余。在本书中，弗里德贝尔特·盖伊和洛塔尔·赛韦特介绍了 DISG 性格模型。它可以让你更好地认识自己，开发更强的顺应能力。多年来，我们依托布兰查德培训和发展公司，在客户身上成功使用了这一模型。

即使你无法瞬间改变性格，但我希望你抽时间来读一读这本实践性和直观性极强的书。我确信它会对你的生活产生积极的影响，会在你性格发展的途中一路相伴，并极大改善你作为公司员工、团队成员、人生伴侣或父母一方等角色的性格效应。

你越早启程越好。

祝你幸运！

美国加利福尼亚圣地亚哥

哲学博士　肯尼斯·布兰查德

《一分钟经理人》书系的合著者

2004 年

目 录

前言 来一场发现之旅！ ……………………………………… 1

一、如何理解性格？ ……………………………………… 1

想做大事的动物 …………………………………………… 3

🖋 行动或练习：你什么时候表现出色？ ………………… 4

为什么说性格重要？ ……………………………………… 5

🖋 行动或练习：你怎样应对他人？ ……………………… 6

如何理解性格？ …………………………………………… 7

性格的四种基本行为风格 ………………………………… 7

DISG 性格模型 ……………………………………………… 8

形成行为风格差异的原因 ………………………………… 9

✂ 自测：我是谁，他人是谁？ …………………………… 10

🖋 行动或练习：我的"1×1-性格面貌"是什么样的？ ……13

怎样更好地了解自己？ …………………………………… 14

✂ 自测：正确评价行为趋向 ……………………………… 33

📖 概览：日常生活中的 DISG 性格模式 ………………… 34

二、时间管理和团队合作 …………………………………… 37

性格和时间管理 …………………………………………… 39

时间是宝贵的资本·····39
　概览：时间管理的建议·····47
性格与团队合作·····51
怎样在团队里做到行之有效？·····58
　概览：团队这样合作就会成功·····61

三、伴侣关系和小孩教育·····63
性格与伴侣关系·····65
　概览：怎样跟自己的伴侣相处得更好？·····77
性格和小孩教育·····78
如何了解自己的家庭教育方式？·····85
　概览：父母策略·····87
　概览：给父母的教育建议·····91

四、执行·····93
制定个人顺应策略·····95
　自测：你有多大的顺应能力？·····96
如何培养较高的顺应能力？·····97
培养更高顺应力的步骤·····98
　概览：1×1－性格检测表：粗略估计·····100
性格发展规划·····106
　行动或练习：你的性格顺应策略·····112
提高你的性格效度·····114

参考文献··································116

网址······································118

补充内容··································119

你的性格计划······························120

发现性格··································121

前　言

来一场发现之旅！

每个人的性格都是独一无二的，会随着情境和外界的不同而形成不同的行为风格。如果与不同的性格及由此带来的各异的行为风格的人接触，有些人就会觉得紧张和不适。

若能运用自己心仪的行为风格，人的感觉才会是最舒适的。为了兼顾不同的行为风格，我们就要有更强的顺应能力，即要能适应一个人或情境的要求，以避免误解。

与人共事之时，重要的是要意识到我们各不相同，因此就有必要在一定程度上顺应他人，让和谐共处成为可能。顺应他人及其周围环境，这不是一种与生俱来的能力，而是完全可以后天习得的。人类的发展历程向我们深刻地展现，那些成功的人，是因为能做到与其外部环境协调一致、和谐共存。

若能恰当考虑同事、人生伴侣和下一代人的需求，你就能从根本上改善自己的社会关系、企业或家庭氛围以及拥有共同的成功体验。

通过这本书，我们想让你首先密切关注的是在你的职业或私人领域内跟自己的行为风格完全不同的人。

在这场发现之旅中，我们希望你会有很多关于自身性格"恍然大悟"式的体验，学到很多有关人类行为风格的知识，获得许多有利于在日常生活中更好与人共处的具体方法。

祝你在实际应用中开开心心。

另：为了方便阅读，行文中仅使用诸如"男性伴侣"之类的具有"男性"表征的表达方式，但实际上也面向女性读者群体。

一、如何理解性格？

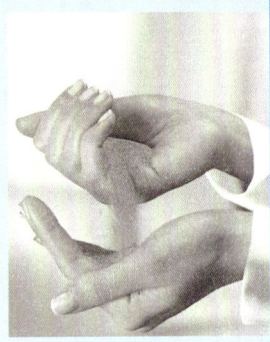

> 我认为恰如其分地对待他人的能力比世上任何一种其他的能力都更有价值。
>
> ——约翰·戴维森·洛克菲勒

想做大事的动物

有一天,几只动物决定做点大事来解决世界上的问题。它们组建了一所学校,开设的课程有跑步、爬山、游泳和飞行。为了更便利地管理学校,所有动物都要参加全部课程的学习。

鸭子

"能动型"的鸭子在游泳上表现出极高的天分,事实的确如此,让它高兴的是,它甚至比游泳老师还要厉害。只是在飞行上它进步很慢,在爬山和跑步方面表现很差。因为跑得太慢,它不得不放弃游泳,并且下午长时间地待在学校做跑步训练,这就让它的蹼膜超负荷运转,在游泳时也就得了个中不溜儿的分数。虽然成绩平平但是完全可以接受,所以除了鸭子以外,也就没动物操心游泳了。

兔子

"认真型"的兔子赛跑第一,但因为长时间游泳,腿部肌肉紧张性抽搐。在飞行课上,可怜的兔子也表现拙劣。

松鼠

"稳固型"的松鼠在攀爬方面成绩优异,却一再沮丧,因为老师要求它在飞行课上从地面跃至高空,而不是从树梢跳到低处。因为太过疲劳,它肌肉疼痛,在爬山和跑步时得了很差的分数。至于游泳课则完全是场灾难,所以没有记分。

老鹰

"强势型"的老鹰是个问题孩子,因为不听话而遭到严厉惩罚。它在攀爬课上总是率先抵达山巅,因为它坚持要用自己的方式到达。

(根据查克·斯温道《人生下决心之处即是家》改编)

 行动或练习

你什么时候表现出色?

在为其量身打造的情形或环境中,寓言中的每个动物都会表现最佳,若处于这一情形或环境之外,它就会表现逊色。正如寓言中的动物一样,我们每个人也有其优势和"瓶颈"(局限、弱项)。身处一个可以发挥长处的情境之下,我们就会创造佳绩。一旦置身优势范围之外的情境,我们的表现就会逊色得多。要想人生成功,我们首先要问:

> 我的长处是什么?
> 我的瓶颈在哪儿?
> 在哪些情境下可以通过发挥自己的长处来提高自身效应?

请在此处填写你最大的优点或积极的性格特征:

1. _____
2. _____
3. _____
4. _____
5. _____

请阅读后文内容,您将了解:

> 为什么说性格如此重要?
> 我是谁,他人是谁?
> 你如何成功运用与行为风格相关的知识?
> 运用这些知识,你在职场和私人生活中将有何作为?

为什么说性格重要？

有关成功和性格的问题跟人类历史一样悠久。众所周知，"完美无缺、万能钥匙"式的性格是不存在的。而成功人士却能做到将内在的潜能和外在的行为协调起来。他们能活出本真，而不会试着有意无意地扮演不适合自身的角色。当然，每个人都受制于一张关系网，它由各个生活领域的要求、角色和行动区间组成。他想要满足这些要求，必须或者说他认为必须满足。在职场中，比方说他们是领导、员工、同事或者项目经理。在生活中，他们也许是生活伴侣、父亲或母亲、儿子或女儿、男朋友或女朋友、体育协会董事会成员、家长协会顾问或邻居。

当我们试着同时扮演太多角色的时候，生活中的实际问题就来了。诚然，有些角色是我们无论如何也逃不开的，比如父母或领导角色。我们也会去扮演很多不重要、不讨喜的角色，只是因为它们扣在了我们头上，或者说是因为我们认为没有我们就不行。唯一的出路就是：放下一切对实现目标不起作用的次要角色，专注于主要的和自己喜欢的角色。只有这样，才能开发属于你个人的行为风格。因此要认识你的长处和局限性，进一步学习如何在职场和伴侣关系中应对危急情形和矛盾冲突。

当下，技术发展、经济状况和社会趋势越来越难预测，知识的半衰期越来越短，唯一不变的定量就是人及其性格。谁更多地思考自身和他人，谁就能提高社交能力。由此可以提升：

> 交际和团队合作能力

> 处理危急情境和矛盾冲突的能力

> 责任感和自信心

找到了认识自我与认识他人能力的工具，就可以帮助我们胜任未来对性格的要求。

 行动或练习

你怎样应对他人？

强势型（D）	能动型（I）
我喜欢这样的人： ☐ 开门见山 ☐ 行动直接 ☐ 决定迅速	我喜欢这样的人： ☐ 有聊天的时间 ☐ 为人友善 ☐ 喜交朋友
我不喜欢这样的人： ☐ 滔滔不绝 ☐ 想要逗我开心 ☐ 对我发号施令	我不喜欢这样的人： ☐ 跟我交往时没礼貌 ☐ 对人保持距离 ☐ 冷冰冰，有所保留
我喜欢这样的人： ☐ 谈公事之前讲私事 ☐ 有时间营造轻松氛围 ☐ 能倾听我的意见	我喜欢这样的人： ☐ 有策略，讲礼貌 ☐ 干实事 ☐ 安安静静，思路清晰
我不喜欢这样的人： ☐ 在我同意之前就强迫我做出改变 ☐ 为了改变而改变 ☐ 总是只想从我这里得到结果，而从不考虑我的感受	我不喜欢这样的人： ☐ 想要我开诚布公地表达自己的情感 ☐ 坚持并逼迫我迅速面对情绪化的场景 ☐ 想要我快速上交完成一半的东西
认真型（G）	稳固型（S）

请在以上 24 条表述中最符合你情况的选项前打"✓"（最多五个），在最不符合的选项前打"✗"（最多五个）。你在以上四个区间内确定行为重心了吗？或者说你在四个区间内都打了"✓"和"✗"吗？一切组合都有可能，没有哪一个是积极的或消极的。也许你已经看出自己的行为趋向了，在所有人当中，可以观察到全部四种行为风格。把我们同他人区别开来的，就是单个重心的结合。四种性格类型都有或多或少的区别，决定性的是单个因素在特定情境中会产生什么结果，或者不产生什么结果。

如何理解性格？

20世纪20年代，美国心理学家威廉·莫尔顿·马斯顿在全面研究的基础上开发了一个既简单又实用的性格模型，该模型立足于对"健全"人群的行为研究（参见《正常人的情绪》，纽约，1928年）。人类行为首先是两种根本的影响或变量的结果，而且取决于一个人是否

> 倾向于觉得他的环境是有利的或是不利的
> 认为自己在所处环境中是强大的或者不那么强大

由此马斯顿开发了一个双轴的模型，其中含有以下几极：

> 有利或不利的看法
> 觉得自己强大或不那么强大的自我认知
> 积极或消极的反应

后来，这些两极现象作为对环境的反应被描述成"确定的或保守的"，作为对环境的认识则被描述成"费力的或舒适的"。由此，就生发出四种区间或者基本行为风格。

性格的四种基本行为风格

在以上两个轴心极的基础上，马斯顿观察并描述了四种基本行为风格，即"强势型""能动型""稳固型"和"认真型"。

> 强势型（D）：认为环境让人劳累，其反应是确定的。有接受控制并取得结果的强烈意愿。强势型的人想要接受挑战并取得胜利。

> 能动型（I）：认为环境是舒适的，其反应是确定的。有驱动他人、自我表达并被人倾听的强烈意愿。能动型的人想要说服和影响他人。

> 稳固型（S）：认为环境是舒适的，其反应是保守的。有追求稳定与和谐的强烈意愿。稳固型的人想要支持他人，追求有序的人际关系。

> 认真型（G）：认为环境让人劳累，其反应是保守的。有"正确地"做正确之事的强烈意愿。稳固型的人想要避免不快，重视精准。

DISG 性格模型

DISG 性格模型将人类行为分门别类，描述了行为风格的四个不同层面。20 世纪 60 年代，行为心理学家约翰·盖格将这一认识运用于性格领域，描述了他观察到的 20 种不同行为趋向，并按参数 1,12……来归类。今天，DISG 性格模型在 50 多个国家传播，在学术上已经得到认可，并不断完善。

从这一模型中得出的一个重要认识是，以上四个区间中的每一个行为趋向存在于每一个性格结构之中，但是其强度几乎各不相同。

> 在一个让人觉得劳累的环境中，能动型的人会变得积极主动；他尝试着掌控局面并克服阻力

> 高度认真型的人倾向于做出保守的反应，试着给自己上一道保险，让自己顺应情境从而避免不快

在一个被视作舒适的环境中，另外两个行为风格——"能动型"和"稳固型"占据了上风：

> 高度能动型的人会对环境做出确定的反应。他会驱动和说服别人，给人带来积极的心态，并直接寻求跟他人的交往

> 高度稳固型的人也会在一个被认为是舒适的环境中寻求跟他人的联系，但行为风格要比能动型的人保守。他深思熟虑、支持并首肯他人，为他人着想并试着与他人建立真诚的关系

大多数人至少兼备这四种行为风格中的两种。对高度强势型和能动型的人来说，在被视为劳累的环境中，强势型的行为会倾向于占据主导地位；而在感觉舒适的环境中，他会倾向表现得能动一些。这种性格的人对环境总会做出积极反应，但也会身心疲累。一旦他对环境给出差评，就会倾向表现得具有攻击性，其口头表达也会有更强的表现力。

形成行为风格差异的原因

马斯顿的理论说明,行为风格之间有区别的原因在于各自对外界环境的认知不同。

> "强势型"和"认真型"的人关系紧密,因为二者都倾向于认为所处环境是劳累的。他们对此做出的自然反应,要么是关闭心扉,要么是缄默不语

> "能动型"和"稳固型"的人共同之处在于,他们认为所处环境是舒适的。他们表现得非常坦率,并乐于接受他人

在马斯顿看来,另外一个影响人类行为的方面,就是在所处环境内对自我的认知:"强势型"和"能动型"行为风格的人认为并感觉自己比所处环境更加强大。他们的策略是:要对这一环境即周遭的人和情境打上烙印、施加影响。他们的反应是确定的。

> "强势型"行为趋向的人认为挑战有待攻克,因为他们认为自己比这些挑战更为强大,他们试着改变或驾驭事物

> "能动型"行为风格的人试着影响别人,因为他们觉得自己在一个被认为舒适的环境里是强大的,务必想要说服别人相信自己的观点

"稳固型"或"认真型"行为风格的人则认为自己没有所处环境那么强大。他们的策略是:接受现有约束,在这个环境内部务力工作。他们的反应是保守的。

> "稳固型"行为风格的人想要维护他们看作舒适的环境,因为他们认为自身不如所处环境强大,所以害怕大的改变

> "认真型"行为风格的人会认为自己不如一个被视为颇有压力的环境那般强大,故而尝试着仔细地分析事物,并致力于达到高水准

自测
我是谁,他人是谁?

对你偏好的行为风格的认知将会帮你更好地认识自我,并借此更有效地与人交往。在下面的测试*中,请在10个均由4个关键词组成的词群里分别用1-4排序。在填写第1列和第2列的时候,你要在每个词群里选择"最符合你的"那个词(4分),然后选择那个"最不符合的"词(1分),接下来再选择其他两个。"第二符合"的请你给3分,"第二不符合的"给2分。请将分数分别填入第1列和第2列的框内。

	1		2
乐观的		以结果为导向的	
自信的		一贯的	
准确的		热情的	
和谐的		自律的	
反思的		积极的	
乐于交往的		乐于冒险的	
倾听的		保守的	
勇敢大胆的		支持的	
有耐心的		批判的	
自发的		冲动的	
乐于做出决定的		可靠的	
受控制的		以目标为导向的	
决断的		合群的	
仔细的		不引人注意的	
有团队精神的		无所畏惧的	
热情的		有组织的	
充满信任的		顽强的	
分析的		有说服力的	
受人喜爱的		有计划的	
充满力量的		循循善诱的	

* 提示:填写答卷时请设想你处于一个特定的环境。你的行为是发生在工作还是私人领域都无关紧要。

现在,请在下一个表格里查看每个关键词分别属于哪个性格区间,然后把所有四个字母代表的分数加在一起(注意:总分为100分)。

自我检测结果对照表

	1		2
乐观的	I	以结果为导向的	D
自信的	D	一贯的	S
准确的	G	热情的	I
和谐的	S	自律的	G
反思的	G	积极的	I
乐于交往的	I	乐于冒险的	D
倾听的	S	保守的	G
勇敢大胆的	D	支持的	S
有耐心的	S	批判的	G
自发的	I	冲动的	I
乐于做出决定的	D	可靠的	S
受控制的	G	以目标为导向的	D
决断的	D	合群的	I
仔细的	G	不引人注意的	S
有团队精神的	S	无所畏惧的	D
热情的	I	有组织的	G
充满信任的	S	顽强的	D
分析的	G	有说服力的	I
受人喜爱的	I	有计划的	G
充满力量的	D	循循善诱的	S

　　分数最高的字母代表你最明显的行为风格，其他字母得分的总和则显示了你在DISG中其他三种性格类型总的行为趋向。你将确定的是，你具备所有行为的趋向特征，不存在纯粹的"强势型"或"认真型"性格。而实际上，存在着各种性格类型多种组合的可能性。这个测试已经可以展现你的行为风格偏向于以上四种中的哪一种。*

　　* 如果你想更多地了解20种行为趋向，借助DISG测试得知你准确而详细的性格面貌，可以在本书附录中找到相应的书目建议。

一图胜过千言。通过下面直观的面积图，你已经可以大致看出你在DISG性格模型下的行为趋向。

图例：

D$_{15}$ I$_{27}$ S$_{35}$ G$_{23}$

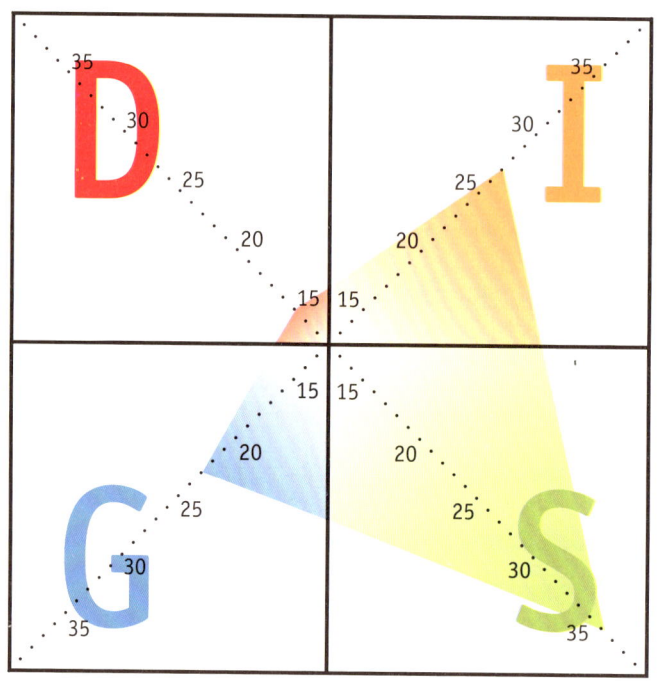

您的结果：

D　　I　　S　　G

在下页，你可以把结果填入准备好的图表中，并从中看出你个人的行为趋向。

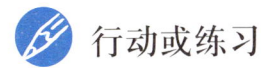 行动或练习

我的"1×1-性格面貌"是什么样的?

现在请把你在 D、I、S 和 G 各个区间的得分填入面积图中,然后把对角线上的四个分数连起来,就成了你的"1×1-性格面貌"。如果你像例子所示的那样,把单个四边形里的"面积"用不同的颜色画出来,就可以清楚地看出个人行为风格的趋向。

图例分析:

我的"1×1-性格面貌"

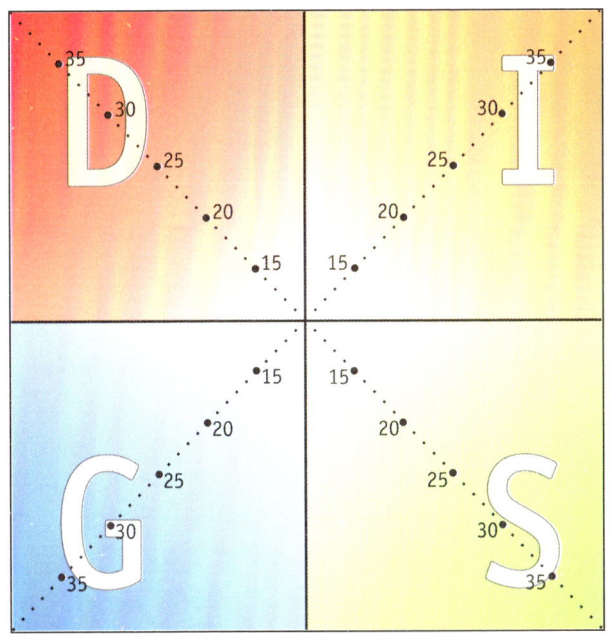

即使我们对把人分门别类有着天生的抗拒和保留意见,但要注意的是,若不能找出自己行为趋向和性格特征,可能会更加危险。因为把人分类的话,我们就可以借机更好地认识自己和他人。即便每个人都独一无二,但在性格和行为趋向方面还是存在许多共同点和相似性,这样一来,我们就可以在众多场合有据可依地提升性格效度。

怎样更好地了解自己？

DISG 性格模型描述的是你的行为风格，它是由四种行为趋向组合而成。出现得比较密集的行为风格，就是你使用频繁的行为风格。不存在一个所谓"最好"的行为风格的面貌。所有行为风格都可能或多或少地有效。若你了解自己和他人的行为风格，正确理解各个情境的要求，并让自己的行为与之合拍，这些行为风格就是最有效的。

"强势型"的行为风格	"能动型"的行为风格
想要解决问题并迅速得出结果。 质疑现状。 更喜欢直接回答，行动多样化，独立。 ▶ "我最想的是自己做主。" ▶ "我知道自己想要什么，并为之而努力。" ▶ "我喜欢挑战自己。"	想要说服和影响他人。 开朗大方，想到什么就说出来。 最喜欢与人合作。 ▶ "我喜欢讲故事，喜欢把别人逗乐。" ▶ "我会为一切可能之事高兴。" ▶ "我想摆脱细节工作，不受约束。"
"认真型"的行为风格	"稳固型"的行为风格
想要达到高标准。 行动倾向于外交化，权衡立场。 倾向于选择具有明确期望的环境。 ▶ "我喜欢分析问题。" ▶ "我在感性的情境里感觉不适。" ▶ "我喜欢跟有纪律性、有高标准的人共事。"	想要创造一个可预测的、有条不紊的环境。 有耐心，是一个好的倾听者。 宁愿做团队成员，而不是团队领导。 更喜欢听人说，而不是自己说。 ▶ "我喜欢跟相处融洽的人合作。" ▶ "我喜欢帮助他人。" ▶ "在完成任务方面，大家可以信赖我。"

请阅读后文中对不同行为风格的解读，注意把握以下前提："'强势型''能动型''认真型''稳固型'在我或他人那里表现得越明显，相关表述也就越符合我或他人……"

"强势型"的行为风格

"强势型"的人会用克服阻力的方式来创建环境，以达到目的。他们主动发挥积极性，乐于竞争，一般情况下表现直接、具体而不会拐弯抹角——有时也显得粗鲁。他们喜欢居于中心地位并掌控环境。高度"强势型"的人会积极应对困难的任务和巨大的挑战。他们要求颇多，无论对自己还是对他人。他们精力充沛，能够生发强烈的意志力来达成目标，或者可能的话，面对人为阻力也要执行这些目标。

请在以下适合你或你的"目标人群"的选项框里画"√"：

优势或行为趋向
- ☐ 发号施令
- ☐ 发起事件并使之运转起来
- ☐ 以快速得出结果为目标
- ☐ 迅速做出决定
- ☐ 接受挑战
- ☐ 质疑当下状况
- ☐ 直截了当地处理问题

"强势型"人群的理想环境
- ☐ 强大而有影响力的地位
- ☐ 新的、富于变化的任务
- ☐ 工作时有许多行动自由
- ☐ 直接回答，少有讨论
- ☐ 挑战与声誉
- ☐ 少有监管与督导
- ☐ 个人成功的机会

瓶颈或可能性缺陷

- ☐ 对他人情感缺乏敏感度
- ☐ 忽视风险和警告
- ☐ 对他人要求过高
- ☐ 造成团队困难
- ☐ 一下子计划太多
- ☐ 容易忽略重要细节
- ☐ 夸大来自他人的控制

"强势型"需要这样的人搭档

- ☐ 喜欢处理常规工作
- ☐ 深思熟虑，处事谨慎
- ☐ 注重细节和事实
- ☐ 比较正反面意见
- ☐ 估量风险，做出预计
- ☐ 刨根问底，检查细节
- ☐ 为有把握的决定做准备

高度"强势型"的人具有的 7 个明显特征

- > 高度自信
- > 有勇气
- > 以结果为导向
- > 有决断力
- > 乐于竞争
- > 有执行力
- > 直接而坦率

性格发展的建议
> 拿出更多耐心，注意倾听
> 考虑他人需求
> 充分思考他人的理由

总结

"强势型"的人喜欢影响自己的环境，他会因为阻力而觉得受到挑战，想要取得结果。

另外请你注意第 24 页的"强势型"的行为趋向。

"能动型"的行为风格

"能动型"的人试着将其他人围聚在一起形成合力，以达到目的。他们会试着说服别人，而不是强迫他们。若能维系交际关系，高度"能动型"的人会觉得舒适；他们不喜独自行事，喜欢集体活动。若能不受控制或不卷入细节工作，他们会有较高的工作效率。他们大多是冲动行事，只在必要范围内才循规蹈矩。他们经常充满行动欲望并且精力充沛，但这些经常白白浪费，因为被太多活动分散掉了，甚至没有一个明确的目标。

请在以下适合你或你的"目标人群"的选项框里画"√"：

优势或行为趋向

☐ 主动建立联系，带给他人愉悦
☐ 创造激发性的氛围
☐ 传播乐观思想，充满激情
☐ 乐于位居中心
☐ 喜欢在团队中工作
☐ 表达流畅、清晰
☐ 坦诚地跟他人分享自己的情绪

17

"能动型"人的理想环境

- ☐ 友好舒适的氛围
- ☐ 不被细节工作控制
- ☐ 有机会提出建议
- ☐ 对能力公开肯定
- ☐ 在业余时间开展集体活动
- ☐ 为他人提供培训和咨询服务
- ☐ 给人畅所欲言的机会

瓶颈或可能性缺陷

- ☐ 有做事不能坚持到底的倾向
- ☐ 做决定时带有主观性
- ☐ 可能会过于乐观地估计结果
- ☐ 倾向于夸夸其谈，意气用事
- ☐ 尝试着一下子做太多事
- ☐ 不喜欢独处
- ☐ 莫名地害怕被拒绝

"能动型"需要这样的人搭档

- ☐ 专注于一项任务
- ☐ 处理常规和细节工作
- ☐ 言谈真诚、直接而客观
- ☐ 以数据和事实为导向
- ☐ 有系统和规划地工作
- ☐ 比起人来，更喜欢跟事打交道
- ☐ 能把控过程，并实施监督

高度"能动型"的人具有的 7 个明显特征

> 以关系为导向

> 有影响力

> 鼓舞人心的

> 感性的

> 健谈的

> 乐观的

> 自发的

性格发展的建议

> 更现实地评价他人

> 做决定时更加客观

> 抓住重点,然后设定一个期限

总结

如果因为新的活动必须要他人参与进来的话,"能动型"的人会感觉受到挑战。另外请你注意第 26 页的"能动型"的行为趋向。

"稳固型"的行为风格

置身轻松、愉悦、安稳、约定俗成、可以预见进程的氛围,"稳固型"行为风格的人会觉得舒适。高度"稳固型"的人是好的规划者,但他们循序渐进,而无法总揽全局。他们对推销自己感到力不从心,也尽量避免。总的来说,他们不会像"强势型"和"能动型"的人那样表现出那么强的行动欲和能量。对于已经取得的成绩,他们需要持续而强烈的关注和认可;他们更倾向于平心静气地处理事情。

请在以下适合你或你的"目标人群"的选项框里画"√"：

优势或行为趋向

- ☐ 喜欢在一个固定的岗位工作
- ☐ 善于调停、安抚激动不安的人
- ☐ 专注于任务
- ☐ 创造安稳的周遭环境
- ☐ 遵循已经接受的工作流程
- ☐ 发展专业能力
- ☐ 做个安静而有耐心的听众

"稳固型"人群的理想环境

- ☐ 诚挚而认真的评价
- ☐ 尽可能没有矛盾冲突
- ☐ 认可已经取得的成绩
- ☐ 任务领域固定、分界清楚
- ☐ 对变化要说明原因
- ☐ 处事方法有章可循、有条不紊
- ☐ 有机会进行私人交流

瓶颈或可能性缺陷

- ☐ 害怕变动
- ☐ 处于压力之下则无法按约定的时间完成工作
- ☐ 太过宽厚，容忍度过高
- ☐ 犹豫不决，缺乏主动性
- ☐ 习惯被安排任务
- ☐ 太过隐藏自己的欲望
- ☐ 过于依赖人际关系

"稳固型"需要这样的人搭档

- 接受新的挑战
- 出现困难时提供帮助
- 较快应对变化
- 能驾驭不可预见之事
- 指挥任务
- 展现能动性，发掘新事物
- 直接应对、处理不愉快之事

高度"能动型"的人具有的 7 个明显特征

> 忠心耿耿
> 有团队合作能力
> 支持他人
> 谦逊
> 一以贯之，有耐心
> 实用主义
> 可信赖的

性格发展的建议

> 有意识地面对问题
> 经常发挥主观能动性
> 接受瞬息万变

总结

当"稳固型"的人为了取得成果而必须跟他人合作时，会觉得受到了挑战。另外请你注意第 28 页的"稳固型"的行为趋向。

"认真型"的行为风格

"认真型"行为风格的人偏好秩序和纪律,以及能保证质量地完成任务的、以事务为中心的氛围。他们的处事方法是计划周详,精准细致,所有细节无不考虑在内。尽管高度"认真型"的人能较好地进行建构,但他们的工作风格呈现有效能,但效率不高的趋势,也就是说,他们容易在细节中迷失。他们常过于专注自身,围绕着自己并不专长的领域打转转。"认真型"的人展现的能量不如其他人。

请在以下适合你或你的"目标人群"的选项框里画"√":

优势或行为趋向

- ☐ 遵守指令和规范
- ☐ 专注细节
- ☐ 老练地跟人打交道
- ☐ 批判性思考,检验准确性
- ☐ 自愿接受权威
- ☐ 在既定条件下工作
- ☐ 收集和评判所有数据后,在分析的基础上做出判断

"认真型"人群的理想环境

- ☐ 准确的任务说明
- ☐ 有足够时间来完成任务
- ☐ 有机会进行客观批评
- ☐ 有对细节工作或优质工作的需求
- ☐ 保留已经验证过的方法
- ☐ 应对变化做好准备
- ☐ 确认无误,保证稳妥

瓶颈或可能性缺陷
- ☐ 拘泥于细枝末节
- ☐ 无法抽身和差遣他人
- ☐ 太过循规蹈矩
- ☐ 害怕犯错误
- ☐ 对尝试新鲜事物犹豫不决
- ☐ 对个人批评比较敏感
- ☐ 考虑过于谨小慎微和悲观

"认真型"需要这样的人
- ☐ 很快做出决定
- ☐ 能够说服他人
- ☐ 展现和传播乐观主义
- ☐ 愿意彻底完成重要任务
- ☐ 表达非同寻常的立场和观点
- ☐ 能够退让，有灵活性
- ☐ 把目标仅看作导向

高度"认真型"的人具有的 7 个明显特征
- › 高标准
- › 以细节为导向
- › 自律
- › 谨慎
- › 分析能力强
- › 有逻辑性和准确性
- › 保守内敛

性格发展的建议
> 表现得更乐观
> 考量成本与结果之间的关系
> 更好地处理情绪问题

总结

为了达到最佳效果而要采用大家熟悉的、已被验证过的方法,这时"认真型"的人会觉得受到挑战。

另外请你注意第 30 页的"认真型"的行为趋向。

"强势型"的行为趋向

你已经了解了"强势型"的行为风格(第 15 页)。然而,"强势型"还存在不同的分布比重,它们会受到另一类型比如"能动型""稳固型"和"认真型"的影响。这样我们就可以区分四种不同的"强势型"行为趋向。每一种都有其特征,以下我们为你简要介绍:

图例:

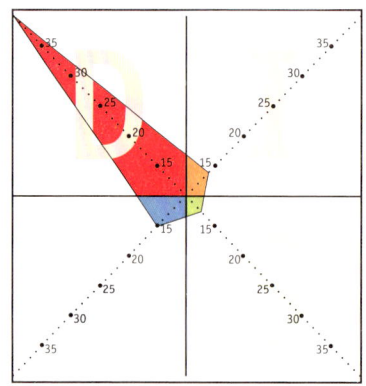

"开路人"(高度"强势型";仅有一个偏向,再无其他;参数为 1)利用机会;设置优先权;乐于同困境打交道;让他人为其行为负责;擅长快速反应、当

机立断。

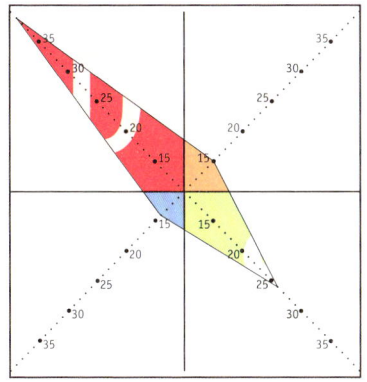

"领跑者"("强势型"和"稳固型";参数为13)把坚定性与细致而连贯的工作特殊地结合起来;以令人信服的方式提出自己的想法,倾向于强硬地坚持一种做事方法。

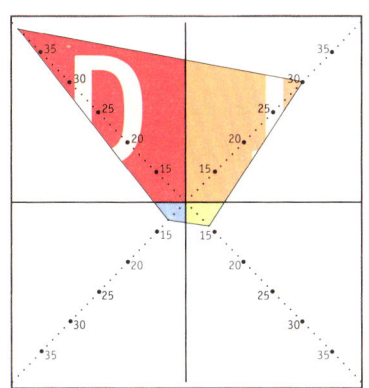

"先行者"("强势型"和"能动型";参数为12)宁愿远离一个群体,也不成为群体中的一员;独立自由地工作;保证较快的工作速度,可以在没有指令的情况下自行工作。

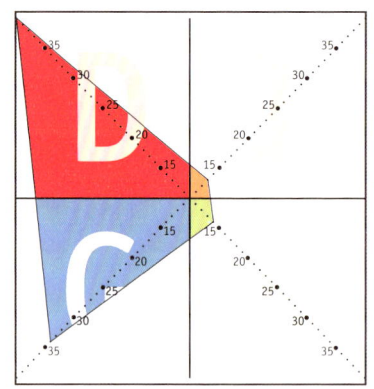

"发明家"("强势型"和"认真型";参数为14)做事从实际出发;提出问题,而不是强迫做出分析;找到富有逻辑性和经验值的解决方案;做全方位的准备,对所有人(除关系密切的人之外)保持距离。

"能动型"的行为趋向

你已经了解了"能动型"的行为风格(第17页)。然而,"能动型"还存在不同的分布比重,它们会受到另一类型比如"强势型""稳固型"和"认真型"的影响。用这种方式就可以区分四种不同的"能动型"行为趋向。每一种都有其特征,以下我们为你简要介绍:

图例:

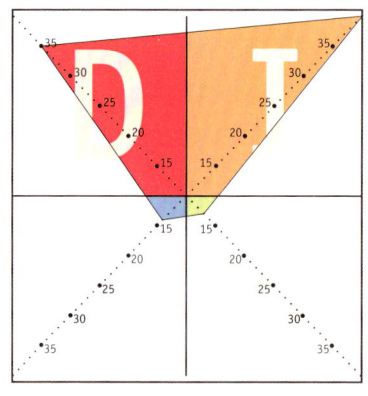

"说服者"("能动型"和"强势型";参数为21)通过积极的态度和高超的语

言艺术将他人的注意力吸引到自己身上；如果受制于常规，就会动怒；想要较高的存在感和良好的自我感觉。

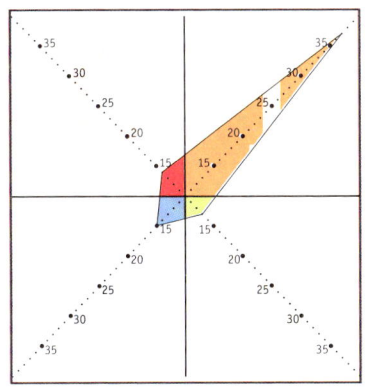

"悦人者"（高度"能动型"；仅有一个偏向，再无其他；参数为2）努力吸引他人注意力；想要居于中心地位；通过情感和说服力与他人迅速建立和谐关系；鼓励他人坦诚发言。

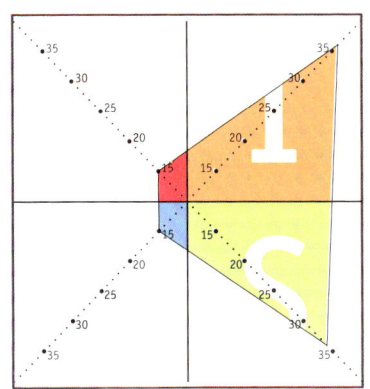

"和谐制造者"（另一偏向是"稳固型"；参数为23）与他人建立联系，以创造一种舒适而友好的外部环境；在单个员工与工作团队之间架起桥梁；时常表现得聪明过人。

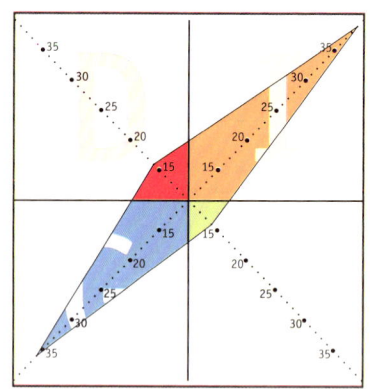

"战略者"（另一偏向是"认真型"；参数为24）能预料到困难，并为之做好准备；灵感丰富、主意多；能即刻做出反应；推动事情向前发展；批判地评价人与事。

"稳固型"的行为趋向

你已经了解了"稳固型"的行为风格（第19页）。然而，"稳固型"还存在不同的分布比重，它们会受到另一类型比如"强势型""能动型"和"认真型"的影响。这样我们就可以区分四种不同的"稳固型"行为趋向。每一种都有其特征，以下我们为你简要介绍：

图例：

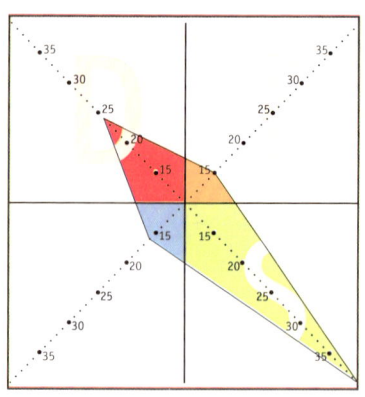

"专家型"（另一偏向是"强势型"；参数为31）是一位有批判意识的聆听者；

热情、仔细而审慎；为了开发新的工作方法而把事实联系起来；喜欢收集知识，在一个专业领域内开发专业知识。

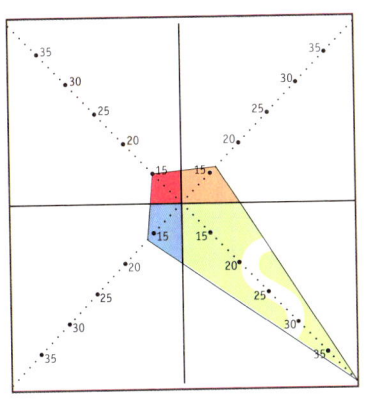

"稳固者"（高度"稳固型"；仅有一个偏向，再无其他；参数为3）拟定一个固定的工作速度并遵循它；有耐心；履行义务；期望并展示忠诚；表达并捍卫个人价值和信服力。

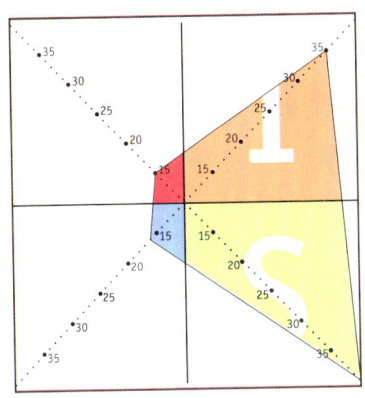

"推手型"（另一偏向是"能动型"；参数为32）创造一种善意的氛围；全神贯注地倾听；对新理念和新方法保持开放态度；认真对待他人意见；诚实、热忱、有同理心。

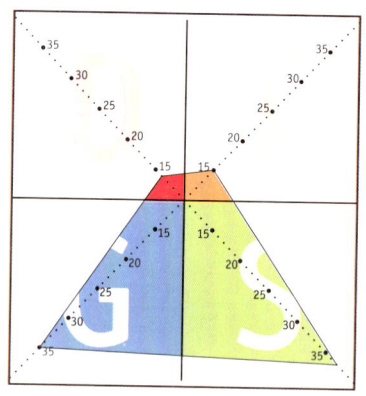

"圣人型"(另一偏向是"认真型";参数为34)理应得到认可;因勤奋而成功;爱质疑;善于做出让步;与人达成一致;愿意与人分担责任,在承诺之前做好规划。

"认真型"的行为趋向

你已经了解了"认真型"的行为风格(第22页)。然而,"认真型"还存在不同的分布比重,它们会受到另一类型比如"强势型""能动型"和"稳固型"的影响。这样我们就可以区分四种不同的"认真型"行为趋向。每一种都有特定特征,以下我们为你简要介绍:

图例:

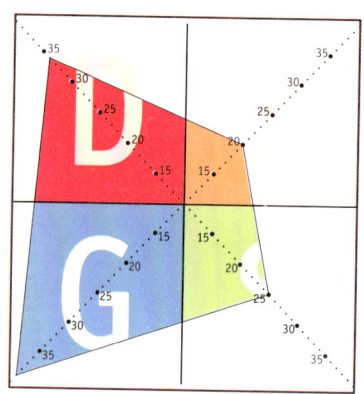

"试验者"（另一偏向是"强势型"；参数为41）会权衡一个问题的所有层面；要做出正确决定会有困难；澄清问题，简化步骤；讲话谨慎，解释准确。

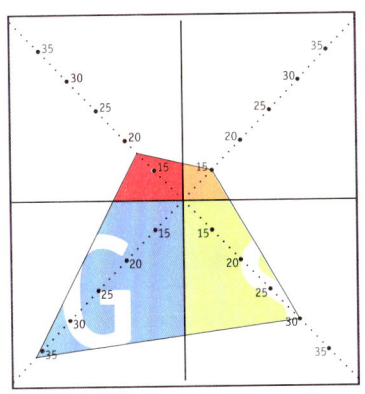

"批判性思维者"（另一偏向是"稳固型"；参数为43）认为可以阻止问题的发生；为了避免困难而使用防御策略；对孰对孰错有着强烈的意识，而且较为理性。

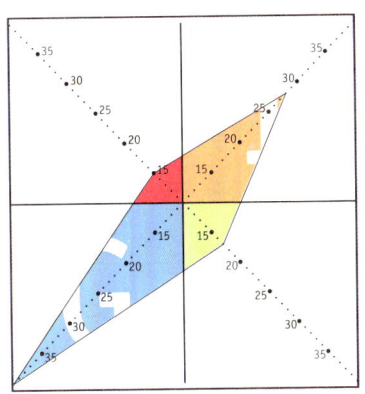

"评审员"（另一偏向是"能动型"；参数为42）待人友善、周到得体，交往起来让人如沐春风；其行为风格易于被人接受、不会出人意料；寻求基于分析基础之上而且系统化的方法，希望自己的付出获得回报。

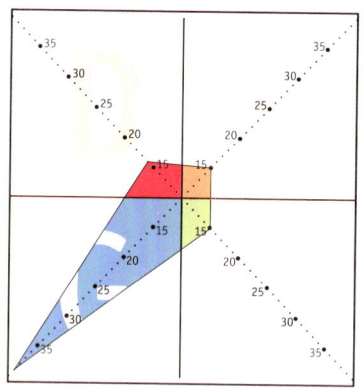

"完美主义者"(高度"认真型";仅有一个偏向,再无其他;参数为4)为了合作而试着征求他人意见,而不是要求他们;想让他人满意,相信努力工作和公平、公正终有回报。

自测
正确评价行为趋向

请评价下列的 DISG 性格类型。

在每个方框里填入相对应的字母 D、I、S 或 G：

1="很高" 2="较高" 3="较低" 4="很低"

	1	2	3	4
1. 乐于帮助有需要的人				
2. 喜欢居于中心位置				
3. 尊重规则和权威				
4. 对自身期望高				
5. 喜欢多样的行为和活动				
6. 为完成任务打持久战				
7. 高度自信				
8. 表达清晰、准确				
9. 喜欢跟他人在一起				
10. 对人身批评较为敏感				
11. 一般来说比较守时				
12. 完成任务速度快				
13. 人际关系良好				
14. 想做到非同一般				
15. 接受新任务小心谨慎				
16. 能缓解人际关系矛盾				
17. 能批判性地聆听				
18. 能敏锐感知他人需求				
19. 不轻易承认错误				
20. 胆子太小、认为自己处处不行				

答案：

> 1.SIGD；2.IDSG；3.GSID；4.DGSI；5.IDGS；
> 6.GSDI；7.DISG；8.IDGS；9.ISDG；10.GSID；
> 11.GSDI；12.DISG；13.ISDG；14.DGIS；15.SGID；
> 16.ISGD；17.GDSI；18.SIGD；19.GDIS；20.SGID。

每答对一题得一分。

总分 =＿＿＿＿，即是你的性格分布值

分析：

> 你的"1×1-性格面貌"如果低于 40 分：请再从头到尾学习一下本书的这一章内容

> 在 40～66 分：好，你已经领会了 DISG 性格模型

> 在 67～80 分：太棒了，你是"1×1-性格面貌"的大师

概览
日常生活中的 DISG 性格模式

购物时的 DISG

> "强势型"是冲动的购物者,没有清单

> "能动型"能准确告诉他人,商店或货架上有什么东西,摆在什么地方

> "稳固型"会做好准备,列好清单,较快地买完东西

> "认真型"会拿着打折商品的购物券和优惠卡,尤其要准备好计算器

厨房里的 DISG

> "强势型"在水槽边就开吃了。他不能没有微波炉,因为那个用起来最快;他乐意尝试新的、具有异域情调的菜肴;他的厨房常常看起来像屠宰场一样

> "能动型"喜欢美食,乐于大宴宾客。他有着最新式样的厨具,但从不使用;他会被拆下来的包装吸引

> "稳固型"会在一堆标准菜谱之间换来换去;认为吃饭时间是一家人的重要时刻。每天都会吃那四类基本膳食

> 没有菜谱、煮蛋计时器和量杯,"认真型"就无法做饭;他会彻头彻尾地阅读各种标签和描述,他知道食物的脂肪、蛋白质和碳水化合物含量;只有当一种厨具他确实经常需要用到并且确实质量很好,他才会购置这种厨具

高尔夫球场上的 DISG

> "强势型"喜欢开着高尔夫车兜风,甚至希望最好能开车经过打高尔夫的人群

> "能动型"在俱乐部室内比在球场上待得更久

> "稳固型"总是在同一天、同一时间、同一地点和同一个俱乐部打球

> "认真型"会计算分数,打球严格遵守规则;常常清洁球棍

整理和寻找东西时的 DISG

> "强势型"的写字台乱糟糟的;他说:"就在那儿,你自己找吧。"

> "能动型" 不愿承认自己没找到东西，会说："给我几分钟，我就会找到并告诉你。"

> "稳重型" 把所有东西按照字母或颜色顺序排列整齐

> "认真型" 说："那是文件架下层的第三个文件。"即便桌上有着堆积如山的物件，他也知道所有东西的位置

二、时间管理和团队合作

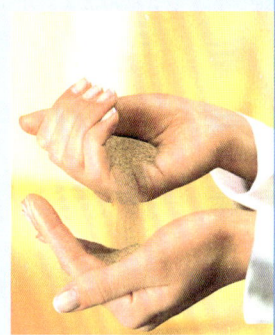

慌里慌张无济于事。适时开始才最重要。

——让·德·拉·封丹

性格和时间管理

时间是我们拥有的财富。时间比金钱更宝贵，因此我们必须小心投资时间这一资本。

时间是宝贵的资本
- 时间是绝对稀缺的资源
- 时间从来都是无法买到的
- 时间不能蓄积或者存放
- 时间无法增加
- 时间不停地流逝，一去不复返
- 时间就是生命

按以上说法，人生的任务就是尽可能从给予我们的时间里做尽可能多的事。这并不是说要在我们的每一天、每一小时和每一分钟里塞进很多的活动，而是把我们的有生之年充分、有意识地用在我们认为重要的事上——比如人生的各种美好、享受和安闲、理想和成功。

要想更好甚至说是最佳利用我们宝贵而稀少的时间，就要有意识、持续而连贯地管理时间。

时间管理意味着掌握自己的工作和时间，而不是受制于它们。我们如何跟时间打交道，会受到性格决定性的影响。根据行动方式和所处情境的不同，会呈现以下巨大差异和困难：

- 如何对强制性时间节点和时间压力做出反应
- 自律和要求他人做得有多好，有多连续
- 个人有多大的精力及时完成任务
- 如何制定并达到目标

在会场上跟人合作，向他人委派任务或作为"外部干扰因素"想要或不得不跟人沟通，这时你可以观察到不同的对待时间的行为。

在后面的建议里，我们会向你展示：在涉及时间问题的场合，如何依据情境更好地应对各种行为风格的人群。

"强势型"的时间管理者

"强势型"的人认为最好让时间停滞，让自己不受制于它。他们想要充分利用时间，每一分钟都要得到最大产出。他们赴约大多都会准时到达，如果临时有"重要之事"的话也保留很晚才到的权利。尽管如此，"强势型"的人还是不喜欢等待；他们就是期望别人准时，如果有必要等，也是别人等他们。

时间管理行为

- 迅速分析，发现要点
- 一直心怀目标
- 以结果为导向来评价行动
- 不喜欢把事情记下来
- 做个粗略计划
- 如果目标跟情境不切合，他会直接说"不"
- 想要立马解决问题，最好是"昨天"已经解决
- 与人讲话的同时也在处理事情
- 顺畅处理案头工作和要完成的任务
- 尽量迅速消除浪费时间之事
- 厌恶穷极无聊或大材小用的工作
- 倾向于同时抓住太多机会
- 低估所需的时间的长度
- 冲动行事，不从头到尾考虑事情
- 倾向于混乱和急躁
- 只做必须要做之事；计划组织性差

- 在讨论尤其是会场上独占话语权
- 太过迅速和频繁地强行做某事；认为必须给他人施加压力
- 想要他人表达简洁
- 经常打断他人，但不想自己被打扰
- 一旦想到"紧急"情况就立即打断他人

案例

在一场准备已久的广告战即将打响之前，"强势先生"多米尼克突然终止了所有计划好的活动。原因是，他认为在新的广告公司达维辰可（Dawtschenko）的帮助下，公司可以更快地实现利润上涨以及更好地打进市场。

给"强势型"行为风格的人10个时间管理建议

- 花点时间把目标和期望写下来，要弄清楚重要的、需要优先考虑的事情
- 在每个细节周全地考虑一件事，在接单之前估算一下所需时间
- 对他人要更有耐心，给他们一点准备时间
- 不要一下子给人安排过多任务
- 少去打断别人，多主动倾听
- 别人跟你讲话时要集中注意力；要有目光接触
- 少竞争，多与人合作
- 三思而后行（少贸然行事）
- 退让一步，严于律己，宽以待人
- 有意识地花时间来放松和享受一下

"能动型"的时间管理者

"能动型"行为风格的人倾向于考虑当下，行事也从当下出发。他们不太注重时间，因为时间会让他们的安排受制。因此"能动型"的人常会迟到，另一方面对别人的迟到也会表示理解；对他们来说，人际关系比准时、准点更重要。"能

动型"的人乐于接受新任务或理念，试着同时处理很多事情。

时间管理行为

- 自发地确立目标，而不把它们写下来
- 乐于接受新的、有趣的任务
- 专注于眼前的情境
- 经常变换优先考虑之事
- 常常被太多任务牵绊
- 如果为某事所迫，比如面临丢脸的危险，会解决得很好
- 倾向于不把任务处理彻底，而是从一个任务跳到另一个任务
- 乐观地进行规划
- 倾向于自发行动
- 很少分析
- 厌恶细节
- 办公室不收拾，凌乱不堪
- 在时间规划上缺乏纪律性
- 嘴上答应得好，但实际不能执行任务
- 避免常规性工作，只有必须时才会去做
- 天生喜好结交朋友；比起工作更喜欢聊天
- 常常打断别人的话，被人打断也不介意
- 只有处于时间压力之下才会重视"时间静止"的好处
- 开会常迟到，准备不充分
- 在会谈时坦率地提出意见，但容易转移注意力，反应常常过于情绪化

案例

来自工商会的外线电话打进来时，"能动型"的英格如释重负地松了口气。她跟对方友好地聊了很长时间，就这样错过了她刚才正穷极无聊地写着的一份详细会议纪要的上交时间。现在她拼命解释，之所以煲电

话粥，是因为借此机会来维系外联。

给"能动型"行为风格的人 10 个时间管理建议

- 开始处理新的任务之前，做完已经开始的事
- 不要把工作中断视为沉溺于白日梦的机会
- 中断以后立即继续已经开始的工作
- 努力做到始终如一的准时
- 不要在不重要的事情上拖沓不前，不要用不必要的方式浪费你的精力
- 列出所有要完成的任务，制定一个有重点的待完成工作列表并遵循它
- 制定一个日程安排表，让你的工作日程更加有条理
- 使用时刻计划表，来调动积极性和保持自律
- 收拾你的案头，清理你的垃圾桶
- 限制你私人八卦的时间，与人结交不要太过

"稳固型"的时间管理者

如果不处于时间压力之下，"稳固型"行动方式的人会把时间当成朋友。一旦处于极端的时间压力之下，则会视时间为敌人。他们不是来得太早就是太迟，视手头工作而定。如果"稳固型"的人自己要负责完成任务的话，他们一般是守时的，但他们也能容忍别人迟到。

时间管理行为

- 工作开始时速度慢，但持之以恒、有始有终，让人放心
- 从头到尾逐一处理堆积如山的文件
- 认为时间和日期压力是消极的，让人疲累
- 确立优先考虑之事，因为它们会带来秩序和稳妥；把它们记下来
- 需要花时间安静而周全地考虑事情，否则就会乱套
- 把专业权威也带入工作中
- 倾向于安排得井井有条

- 常常答应，避免说"不"，因为后者会损害人际关系
- 避免接手紧急任务，宁愿考虑不那么重要、时间不那么紧急之事
- 想要尽可能避免对峙
- 想得到对方确认时常会打断对方
- 开会准时到场，但参与讨论时表现拘谨
- 开会时不喜欢承担责任
- 如果被委派任务，需要多次确认和反馈，尤其是在开始的时候
- 同一时间面临太多任务则不胜压力
- 挨个儿处理事情

案例

"稳固型"的斯特凡是个慢性子，做事讲计划和方法：早在8月他就把孩子需要的圣诞节礼物考虑得很清楚了，10月中旬已经买好了第一批礼物。他需要时间周全地考虑，否则就会处于压力之下，而这会让他身心疲累。于是他事先打理好一切，这样就避免了他害怕的圣诞节前的焦躁。

给"稳固型"行为风格的人10个时间管理建议

- 为了更快达到期望的结果，也尝试下新的路子，而不是墨守成规
- 提高工作效率，加快工作进度
- 为了协商工作重点和活动，经常跟人讨论
- 不要拖延解决人际关系问题
- 为了避免时间压力，请提前开始工作
- 少考虑工作成本，多考虑结果
- 注意最终截止时间点，不要被它阻碍了工作
- 要知道有计划的变动可以丰富你的生活
- 自己着手做事，从小事做起
- 相信自己有更大能力；说话声音洪亮一点；学会经常说"不"

"认真型"的时间管理者

"认真型"行为风格的人总比别人需要更多的时间，因为他们做事都很到位。他们常常没有足够的时间去完成先前的所有计划。他们准时，原因是不想因为自己的迟到而造成难堪的局面。他们期望别人也准时，不能谅解迟到。

时间管理行为

- 有在细节中迷失的倾向
- 为所有可能性做好包含细枝末节的详尽计划；分析过头
- 花太多时间规划，而不是专注于自己的行动或执行
- 从头到尾地思考重点，倾向于确立过多重点
- 如果新的任务不符合现有理念，就会说"不"
- 为了支撑自己的论断会加工很多信息
- 对干扰因素和浪费时间之事会采取批判和消极反应，认为这些有碍成果
- 做繁复的展示报告，需要长时间才能切入正题
- 在会场上要做出决定感到困难
- 开会时准时到场，准备充分，随身携带很多材料
- 自身会遵循无用的规定
- 案头整理得井井有条，每样东西都有固定的摆放位置
- 详细描述受委托的任务，直到最后一个细节
- 要求提供详尽而正式的报告，为了确立一切都做得完美无缺，经常会反问

案例

"认真型"的吉塞拉几年来都在为一个大型项目忙活，下班也不例外，项目是为测评顾客诚信和优化催款手续提出改进建议。当她终于快要向公司领导汇报这个价值 12 万欧元的项目时，吉咖软件公司以 499 欧元的价格把一个新的 Gindows 软件推向了市场，而该软件更快、更好、更便捷地涵盖了 95% 以上的必要功能。尽管如此，吉塞拉还是认为批准和实

施自己经手的项目非常重要。

给"认真型"行为风格的人 10 条建议

- 要考虑到如果计划费时太多的话，用于执行的时间就所剩无几
- 专注于结果，而不是完成任务的完美程度
- 要意识到不可能规避每一个风险
- 学会做出决定，即便可供使用的信息没你想要的那么多
- 不要花过多时间来分析
- 为完成任务，务必要确定一个严格的时间限制
- 确保目标是切实可行的；不要拟定过高标准
- 要认识到完美也是有限度的：良好要优于完美
- 对加给自己或他人的期望值要宽松一些；要多些宽容
- 要认识到人比规定或政策重要

 **概览**

时间管理的建议

在个人的时间管理方面，怎样跟各种 DISG 行为风格的人打交道呢？

目标和重心

> 不要让自己置身"强势型"咄咄逼人的压力之下；向"强势型"展示你必须暂缓做的事情

> 与"强势型"商议，列出一个要做之事的清单，并确定最后的时间节点

> 帮助"能动型"摆脱对细节的拘泥，跟他一起确立清晰的重点任务

> 跟"能动型"一起协商好目标并付诸文字，帮他找到架构

> 为了实现更大目标，向"稳固型"逐步展示发展机会，借此团结他们

> 花足够的时间与"稳固型"共同制定重点任务

> 为"认真型"提供有关你目标和重点任务的充足信息和理由

> 跟"认真型"最多商议三个下一步需要处理的重点任务

日程计划

> 不要期望"强势型"提供详尽日程计划，一到两个重点工作安排就够了

> 不要被"强势型"打倒，在他们面前要坚持自己的日程安排

> 向"能动型"展示如何确立具体目标，并教他切实可行地估计时间

> 鼓动"能动型"留出时间批量处理定期会谈、信件和电话

> 不要用新的活动和工作日程重点对"稳固型"展开突然袭击

> 如果"稳固型"刚开始觉得预期之外的工作太多，请对此表示理解，大多数情况下他们是会处理的

> 催促"认真型"及时完成工作，并定期做些后补

> 跟"认真型"商议好清晰的每日目标，比如说"这份邮件今天必须发出去"

干扰因素

- 清楚地说"不",请"强势型"把各种问题一次性说完
- 重视遵守你的"安静工作时间",即便这恰好不符合"强势型"的理念
- 在团队里引入共同的"安静工作时间",期间内部人员互不干扰
- 与"能动型"的社交请移到休息或空闲时间
- 也给予"稳固型"一段"安静工作时间",让他不受干扰地处理工作
- 不要把"稳固型"的私人话语看作是干扰因素
- 如果不得不打扰"认真型",要客观、有礼有节地陈述你的理由
- 详细回答"认真型"工作上的询问,不要进行私人交流

会议

- 跟"强势型"讲话要准备充分;只讲主要的东西
- 不要害怕跟"强势型"对峙
- 把迟到引入惩罚机制
- 夸赞"能动型"的报告,但要缩短发言时间并遵守日程安排
- 在团队里避免紧张气氛,目的是不限制"稳固型"的业绩能力
- 给"稳固型"委派会议记录或者计时之类的任务
- 因为"认真型"是安静的倾听者,所以必须征询他们的意见
- 请"认真型"发言时只说综述、简要的阐述、主题句等

文件资料

- 给"强势型"的展示资料和备忘录等文件要控制在一页
- 给"强势型"的资料仅限于短评和综述
- 定时私下追问,看"能动型"是不是真的处理了你的询问和备忘录等
- 向"能动型"建议哪些通信、期刊、信息手册、广告等可以不要
- 请"稳固型"给你寄送已经做好标记、按照重要程度分类的信息文本
- 让"稳固型"只粗略看下杂志和通报,目的是及时传达这些文件
- 坚持让"认真型"的报告和备忘录不超过两页

> 给"认真型"寄送你暂不要的所有信息，有需求的话可在他们那里再次获取

委派任务

> 及时停止给"强势型"委派太多任务
> 给"强势型"布置任务，在他开始工作之前要问问他是不是正确理解了任务
> 跟"能动型"用书面方式确认一下口头约定的内容
> 给"能动型"布置任务时必须约定并执行附加的约束条件
> 给"稳固型"布置任务时，要经常追问，也许还要帮忙
> 要小心"稳固型"反过来向你布置任务
> 给"认真型"布置任务时必须完全信守承诺和时间节点
> 给"认真型"布置任务时必须确立精准的完成质量和时间节点

拖延症

> 立即给"强势型"施加压力，确定一个暂时的完成时间
> 奖励及时完成常规和标准工作的"强势型"
> 理解"能动型"的处境，但私下要用最后时间节点催促他完成工作
> 鼓励"能动型"很快忘掉不愉快之事，提前夸赞他们
> 建议"稳固型"从最困难的任务开始，并约定一个时间节点
> 在需要做出决定和有着矛盾冲突的问题上，给"稳固型"提供帮助，以便完成任务
> 告诉"认真型"所有人都必须等他，而你很快就需要他经手的那一步
> 告诉"认真型"你很欣赏他对质量的追求，但在某时间节点也必须完成任务

团队里的时间管理

> 为了迅速反应，请给"强势型"提供其他选择或者干脆来个可以勾选的检测表
> 调动"强势型"的积极性，目的是明显改善内部工作进程，由此优化团队

49

成果

> 用图片、插图和直观性强的东西激发"能动型"

> 让"能动型"为积极的氛围和疯狂的新理念操心,也让自己时不时来个插科打诨

> 别要求"稳固型"快速做出回答,给他时间

> 给"稳固型"委派信息中介的任务,让他经常准备和发放资料、报告等

> 给"认真型"尽可能多灌输一些信息,这样就可以从他们那里得到较有分量的观点

> 委托"认真型"经常在团队中分析时间效能,并提出解决的建议

性格与团队合作

如果工作团体想要取得超出一般的业绩，就必须组建真正的团队。每个团队成员有他的性格优势，当然也有性格缺陷。这样一来，我们在合作中常会直接遇到团队中个体成员的性格局限。

大多数人并没有意识到不同性格之间的差别和能动性。在高效能的团队里，所有成员都必须了解其他人的优点、需求和缺点，有些东西也必须接受。这样一来，成员的个体行为风格就会影响整个团队的成果。

在以下条件下，人的社会行为会被看作有效率的，这也是团队合作成功的两个关键因素：

> 做他人需要之事——不管是有待解决的工作任务还是社会活动
> 按他人之需来做，采用符合他人需求的行为风格

不同的人在团队里也想得到不同的对待。此外，人在团体中的行为表现会跟作为个体出现时不一样。看法不一是团队合作的自然结果。如果不讲明并解释清楚意见分歧，团队个体成员之间就会出现矛盾。团队合作依赖于直接而坦率的沟通。因此，对一个有效率的团队来说，所有的行为风格都是重要的。起决定作用的是了解个体成员的潜力，在团队中根据个人能力来促进潜力的发展。每个成员越能充分发挥其性格优势，他成功的可能性也就越大。

团队合作意味着高水平的协作。在一个小组中，结果累加遵循 1+1=2 的模式。而在另一个团队中，则会出现 1+1=3 或 4 甚至 5 的协同效果。一个真正意义上的团队合作，其目标是取得积极成效，而不是不惜一切代价来换取个体成员性格上的和谐一致。

"强势型"团队成员

最佳团队角色

接受各种各样的任务,这对"强势型"来说意味着挑战,要求他们发挥主观能动性,并让他们永远保持兴趣。劳累和业绩压力会从根本上提升他们对任务的兴趣。

激发动机的关键

挑战意味着:

> 有机会取得成果
> 承担附加责任
> 质疑某些状况

跟这位团队成员的交往

一般会跟与他自己同样坦率和直接的人处得最好,在大多数情况下,他能跟这些人通过讨论或谈判取得一致意见。

> 尽可能表现得有兴趣一些
> 谈话要直接、精练和坦率,不要拐弯抹角,要直切主题
> 通过谈判取得一致意见
> 仅仅确定界限
> 其他情况下就让他放手去干
> 放心大胆地给予他主动权
> 展示你的能力
> 谈话时就事论事
> 表现他们的长处和独立性

特别优势

> 善于解决问题

> 乐于做出决定

> 做事有持久力

可能性缺陷

> 对情感不敏锐（特别是对他人的情感）

> 没有耐心，忽视风险和事实

> 不懂得迁就

对性格发展的建议

> 感同身受不是缺点，更多的是优点

> 有时候掌控也很有用

> 要在私人生活和职业生涯中取得成功，每个人（包括高度"强势型"）都必须跟他人合作

"能动型"团队成员

最佳团队角色

乐于接受跟人打交道的任务，并且有机会去调动这些人的积极性。喜欢承担多种多样的在他人面前讲话的任务，也因此可以从他的"听众"那里获得认可。

激发动机的关键

认可

> 有机会居于中心位置

> 获得承担任务的动力

> 有幽默感

跟这位团队成员的交往

最好是在一个完全民主化的环境里工作，在那里他的创造性贡献能得到认可

和相应的嘉奖
- 做一个友好、沉着而不死板的人
- 展现灵活性的一面
- 注重伙伴关系
- 给"能动型"提供介绍他的想法并深入讨论的机会，如有必要可召集一个论坛
- 帮助"能动型"做到言行一致
- 尽可能表现得很敏锐
- 注重营造宽松、诙谐的氛围
- 用书面形式告知"能动型"必须了解的细节，但不要太多

特别优势
- 开朗乐观
- 亲切友好
- 热情洋溢

可能性缺陷
- 经常做出太多承诺而无法兑现
- 尝试着持久地影响他人
- 肤浅、表面化

对性格发展的建议
- 善于掌控时间是有用的
- 时间节点确实要视为要紧之事
- 有时也必须改一改过于乐观的态度，这样就不会无视现实

"稳固型"团队成员

最佳团队角色

乐于接受专业的、反复出现的任务,"稳固型"可以按照自己的速度来完成。喜欢承担要用迄今已被证实过的熟悉方法来处理的工作。

激发动机的关键

理解

> 跟已被证实过的东西相关的主意
> 没有风险,相反会有支持保证
> 舒适的合作环境

跟这位团队成员的交往

能跟亲切、友好的人非常愉快地合作,这些人不光对他的工作、对他个人也感兴趣。

> 行动要有系统性和客观性
> 尽可能表现得放松和友善一点
> 行动如一,让人可以看清你
> 总是有耐心地解释"怎么样"
> 为变化做好细致准备
> 对"稳固型"表现出真正的兴趣
> 在全局上展示和定义目标和任务
> 关注"稳固型"
> 慢慢地挺进新的领域
> 给"稳固型"一步步提供存在的问题的解决方案,虽然它们看起来无法解决

特别优势

> 提供支持

- 让人觉得舒适
- 忠诚

可能性缺陷
- 过于顺应外界或他人
- 拘谨内敛
- 错过机遇

对性格发展的建议
- 时间节点是重要的，必须遵守
- 变化在原则上来说也意味着新的机会和际遇
- 即便是朋友之间，行为也要有纪律性

"认真型"团队成员

最佳团队角色

乐于从事这样的工作：要求绝对准确性、方法要严密、有大规模的组织，还要有细节和精确度，并且有责任分工。

激发动机的关键

保护和安稳
- 对方针和规则的要求
- 对有理有据的担忧的考虑
- 对细节和高质量的要求

跟这位团队成员的交往

能跟这样的团队成员开展最佳合作：乐于支持他，耐心地为他提供详细解释，跟他就各种各样的关键问题进行建设性讨论。

- 创造一个人人都能参与的目标制定中的环境
- 为"认真型"尽可能详细地描述他的任务
- 无论如何都要信守承诺
- 总是给"认真型"提供安全感
- 展示忠诚度和认真劲
- 在每种情况下都表现出团队合作的意愿
- 跟"认真型"合作时,处理好你的"分内任务",并为此做好准备
- 利用他的经验并形成书面建议

特别优势
- 喜欢秩序
- 从头到尾
- 喜欢分析

可能性缺陷
- 拘泥死板
- 太过注重细节
- 过于谨小慎微

对性格发展的建议
- 即使是再准确不过的任务描述也完全有可能变动
- 即便有了非常精准的把控,时间节点还是要遵守的
- 百分百的支持是不存在的

怎样在团队里做到行之有效？

识别团队成员的行为风格，分别迎合其性格特征。

你可以这样跟"强势型"一起创造积极的氛围

> 给"强势型"提供多种活动的选择
> 接受"强势型"对花样和变化的需求
> 让"强势型"充当领导角色

这样你可以很好地跟"强势型"交流

> 对待"强势型"要直来直去，避免流于表面的废话
> 对话结束时，检测一下"强势型"是不是真的注意听了

这样你可以跟"强势型"成功解决矛盾冲突

> "强势型"有直接和侵略性的倾向,这就可能导致一种"不是你死就是我亡"的局面出现
> 不带任何评价地阐释你的意见分歧，避免"非白即黑"
> 试着借助开放式问题（怎样？什么？在哪里？在什么时候？）立即切入要点
> 问问"强势型"要达到双赢具体有什么要求
> 确定每个人负责什么，以此来结束谈话

你可以这样跟"能动型"一起创造积极的氛围

> 给"能动型"时间，让他表达想法、感情和观念
> 帮助"能动型"探究细节
> 热情洋溢地夸赞"能动型"

这样你可以很好地跟"能动型"交流

> 利用跟他人在一起的放松的场景，不要有时间压力

> 提供热烈探讨事例和理念的机会
> 开展一场真正的对话，要顾及"能动型"的感情

这样你可以跟"能动型"成功解决矛盾冲突
> "能动型"喜欢避免直接而外化的冲突
> 在矛盾冲突或丧失认可时要了解他的不适
> 就事论事地描述冲突场景，但不要批评"能动型"
> 清楚地说明到什么时候由谁来做什么，以此来结束谈话，并重申你跟"能动型"的私交

你可以这样跟"稳固型"一起创造积极的氛围
> 经常向"稳固型"暗示他的业绩对其他人的工作是重要的
> 为了取得成果，给"稳固型"提供与他人合作的机会
> 如果有必要的话，给"稳固型"提供分步计划

这样你可以很好地跟"稳固型"交流
> 定期向"稳固型"提供自愿的、非正式谈话的机会
> 问问"稳固型"对他人的意见、顾虑和矛盾
> 用友好而宽松的方式与"稳固型"开始对话

这样你可以跟"稳固型"成功解决矛盾冲突
> 为了维持稳定与和谐的关系，对"稳固型"要讲明解决矛盾的必要性
> 不要拐弯抹角，用开放式问题（怎样？什么？在哪里？在什么时候？）直接切入不愉快的主题
> 问问"稳固型"，为了理性而有效地解决矛盾需要什么样的支持

你可以这样跟"认真型"一起创造积极的氛围
> 给予"认真型"展示能力的机会

> 给"认真型"制造这样的场景，让他知道他的系统工作长期来看推动了成功
> 接受"认真型"做事就要做"对"的想法

这样你可以很好地跟"认真型"交流
> 在陌生的场景跟"认真型"保持距离和礼节，避免私人问题
> 对"认真型"的表达要有逻辑性和客观性，而不要有感情色彩
> 找出"认真型"跟你的意见分歧和误解

这样你可以跟"认真型"成功解决矛盾冲突
> "认真型"先会逃避公开的矛盾，但接着又会自卫，最后还是会展开攻击
> 跟"认真型"讨论问题要平心静气且有逻辑性，要用数字和事实来佐证；引用特别的场景作为例证
> 问问"认真型"，要如何在保证双方利益的基础上解决问题，并了解他需要什么

 概览

团队这样合作就会成功

一个团队成功与否,由成员的个人行为风格以及成员之间的互动交流决定。为了降低成员之间的摩擦带来的损失,必须学会理解、尊重和重视团队中的个体差异。

团队合作	"强势型"	"能动型"	"稳固型"	"认真型"
对团队的价值	方向性导引,抓住主动权,发动他人	与人建立联系,影响他人	持续工作,专业化的工作,建立联系	专注细节,注重标准
优点	以目标和结果为导向,持之以恒,快速解决问题	充满激情,鼓动和赢得他人,积极投入	善于跟人打交道,是好的团队成员	从头到尾,坚持不懈,精确分析所有数据
可能性缺陷	对他人情感无法感知,没有耐心,独断专行	冲动,不喜欢专注于事实和细节	为了关系和睦牺牲工作成果,不喜欢主动	非常谨小慎微,太过细致,忘掉时间节点
由什么调动积极性	结果,挑战,实际行动	认可,赞同,掌声和关注	关系,认可,理解,重视	质量,确认,"正确地"做事
时间管理	目标:现在,立刻;有效利用时间,快速切入要点	目标:未来;从一件有趣之事赶到另一件	目标:当下;以任务为代价,在私交上花时间	目标:过去;为了追求准确而工作缓慢
沟通交流	单方面的,没有好的听众;能开展对话	热情洋溢,有建设性,吸引人,常常是单方向的,可以给人提供灵感	双向交流,好的倾听者	好的倾听者,尤其是在较客观的对话中,能"听懂弦外之音"
情绪化反应	有距离感,独立	大起大落,容易兴奋起来	温暖的,友好的	敏感,小心
做决定	冲动;总是心怀目标	本能的,迅速,自发,得到的多失去的也多	在协商后放慢,与他人协调	避免做决定,犹豫,彻底,需要准确信息和事实
压力下的行为	掌控性的,独断专行的	具有侵略性	屈从让步	逃避
在什么情况下会有效率	倾听	抽出时间休息,把事实考虑进来	主动出击,对变化反应积极	把自己的想法告知他人

三、伴侣关系和小孩教育

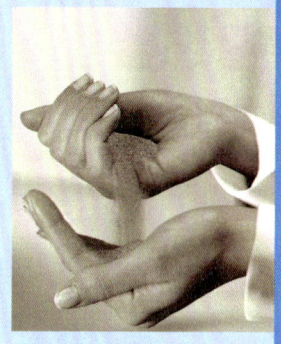

照他人本来的样子去对待他们,会让他们变得更糟;而以他们可能的理想化状态为标准,就能让他们变得更好。

——约翰·沃尔夫冈·冯·歌德

性格与伴侣关系

现实经验不是证明了么,那些大问题,比如疾病、房子烧毁或者对孩子的怨气等并不会摧毁伴侣关系,反而会起到联结作用。其实让伴侣关系分道扬镳的是日常生活中的小事:

> "是谁忘了关浴室门啊?"
> "是谁又一次把我的杂志清理走了啊?"
> "你为啥没把湿毛巾挂起来啊?"
> "你为啥又要取这么多钱啊?"

你觉得"物以类聚,人以群分"或者"异性相吸"这些俗语的道理在哪儿呢?人们常会被自己没有而他人拥有的积极性格吸引。相处时间一长,才了解到与这些积极性格所对立的缺陷。从这时起,很多人就以自身为标准去改变对方,这是不幸的,也不会成功。

那个时候,我们忘了伴侣起初吸引我们、让我们觉得有意思的东西,也就是他跟我们的不同之处。如果我们试着从外部改变某人,那就会摧毁整个关系。我们要学着接受伴侣本来的样子,因为我们在伴侣关系期内根本无法彻底改变对方。

共同点会稳固伴侣关系,但带来的变化和补充就会更少。就像经常发生的一样,良好伴侣关系的保证是异同点的成功糅合。亲密无间会让人走得很近,但也隐藏着备受伤害的危险。伴侣关系是最高层面上的团队合作。

"强势型"伴侣

只要"强势型"行为风格的人跟伴侣有相同的目标和愿望,他们之间就会相安无事,并可以合作做很多事。他们之间出现摩擦和争论,最常见的原因是为谁最终拍板争斗。面对伴侣,他们会表现得精神焕发、坚决笃定而又自信满满,经常是主动处理任务,并很快完成。在矛盾冲突中,"强势型"会被其伴侣认为粗暴无情而且野心勃勃。

伴侣关系中的优点

- 牢牢掌控
- 以目标为行动导向
- 鼓励家人行动起来
- 永远都知道"正确"答案
- 组织做家务
- 促成家庭里人人参与合作的样貌
- 在紧急情况时把大权抓在手里
- 眼观"大局"
- 心中有实际办法
- 快速行动起来
- 委派任务,组织得力
- 散播行动的渴望,想要结果
- 驱动他人行动起来
- 反抗会对他起到刺激作用

伴侣关系中的瓶颈

- 常常喜欢做决定和掌控伴侣
- 不能给家人腾出时间
- 工作业绩不佳就会没耐心
- 几乎不让孩子歇一歇
- 有"利用"他人的倾向
- 做决定会有困难
- 经常在理,但不招人待见
- 对错误表现的容忍度较低
- 不探究细节
- 觉得日常之事无聊乏味
- 超前做出决定

- > 不懂人情世故，不顾及他人
- > 掌控他人，喜欢索取
- > 为达到目的不计手段
- > 有"工作狂"倾向

性格发展建议

- > 不要试着控制或支配谈话场景、娱乐活动或他人
- > 在私交关系上多投入精力
- > 降低你的"转数"。花时间解释你的观点和疑问，询问后面的"为什么"
- > 更坦率地吐露你的情感
- > 带着耐心来练习，长时间倾听，直到你真正理解了伴侣的情感、理念、建议和请求。直接倾听、倾听、再倾听
- > 注意你的暗面（所谓的"盲区"）

跟钱打交道

"强势型"会让伴侣管钱。钱对他来说是：

- > 施展强大影响的权力来源
- > 通往更大成功和更多机会之路
- > 给予他超越竞争对手的工具
- > 一切伤害的慰藉金

"强势型"男性的需求

- > 期望得到尊重
- > 试着让自己的成果获得认可和赞赏
- > 期望对方要求他付出体力
- > 需要成功和胜利来构建"自我"
- > 会说"请相信我"来赢得信任

"强势型"女性的需求

> 想要伴侣对发号施令有好感

> 期望来自他人的理解

> 为了得到真诚回答,"直来直去"

> 如果给了伴侣某物或帮他做了事,会期望自己感性的需求得到满足

> 若能掌控外部环境,心里就会觉得稳妥

> 对时间和注意力有要求

如何在私人交往中跟"强势型"搭话

> "我赞赏你的高度自信。"

> "你的表达方式直接而不做作,我很欣赏。"

> "决定了一件事并且付诸实施,你就会表现出惊人的毅力,我很喜欢你这一点。"

> "我喜欢你处理问题的方式,无论如何你都会坚持这一方式——包括我在内。"

> "我知道,如果真有问题必须解决,我可以求助你。"

> "如果要达目标,你就会倾注能量和决心,我喜欢你这一点。"

> "变化对你来说没有什么大碍。你会轻松地应对它们,完成任务。"

> "我觉得你有强大的竞争欲,很勇敢。"

> "我欣赏你不怕尝试新的东西而且坚持做下去的品格。"

"能动型"伴侣

"能动型"行为风格的人会鼓舞伴侣,让其参与到自己的成功中来,积极看待生活,并给予伴侣诸多自由。他们乐此不疲,想给伴侣以及周围的人留下深刻印象。有时候,速度过快、乐观主义、欠缺纪律性和冲动会引发摩擦和争论。面对伴侣,他们表现得热情、健谈、友好而坦率,如果涉及建立伴侣关系、鼓动伴侣一起做事,他们经常主动出击。

伴侣关系中的优点

- 在孩子的朋友那儿受欢迎
- 化混乱为乐趣
- 扮演"马戏团头儿"的角色
- 受到表扬就会活跃起来
- 受人嫉妒
- 道歉迅速
- 喜欢自发组织活动
- 自愿承担新任务
- 总是想出活动的新点子
- 给人的第一印象是有吸引力
- 精力充沛，能鼓舞人心
- 鼓动伴侣一起做事

伴侣关系中的瓶颈

- 让家里不断地鸡飞狗跳
- 条理不清，爱忘事儿
- 不耐烦，不会真正倾听
- 聊天时占据话语主导权
- 代他人回答
- 可能会情绪化
- 总会找到借口
- 比起做实事更喜欢夸夸其谈
- 忘掉义务（比如说在结婚纪念日）
- 做事没有善终
- 倾向于不修边幅、无纪律性
- 经常没有明确的重心
- 常常做出感性决定

- 容易也喜欢分神
- 不让伴侣插手工作（家务）

性格发展建议
- 遏制你自发的冲动
- 试着在行动时以目标或结果为导向
- 少说多听
- 专注于完成任务和履行义务，有始有终
- 也考虑一下伴侣的主意和建议，而不是一意孤行
- 发挥创造力，为伴侣关系一再注入活力

跟钱打交道

"能动型"也许很少会收支平衡。钱对他们意味着：
- 自由的源泉，自觉性
- 获得乐趣、尝试风险的机会
- 表现坦诚的机会（在他们看来）
- 赢得朋友、对伴侣施加影响的机会

"能动型"男性的需求
- 说服或影响伴侣，赢得尊重
- 喜欢言语上的赞赏和认可
- 为了展示情感，希望身体动作辅之
- 希望通过口头表扬来构建自我，有时甚至会提出这样的要求
- 通过坦率和奉承来构建信任

"能动型"女性的需求
- 试着通过话语表达来获得好感，并清楚地提问
- 为了厘清和理解关系，会做出陈述并提出问题；打开话匣子，喜欢侃侃而谈

- 表达真诚而认真
- 为了热情四射地出现在伴侣面前,想表现得跟一本"摊开的书"一样
- 如果事情在私人谈话中得到澄清,而她还得到口头上的许可,就会感觉愈发稳妥
- 希望伴侣抽出时间倾听她,并在对话时给予她全部关注

如何在私人交往中跟"能动型"搭话
- "我欣赏像你这样有高度幽默感的人。"
- "你有高妙的讲话艺术。"
- "你是个很好的观察者。我注意到了你如何观察周围发生的一切。"
- "对我来说,你是个真正的能量聚集体,我跟你在一起感觉充满新的力量。"
- "你确实有着说服他人的能力。你可以把挤奶机卖给一位农民,并让他拿仅有的一头奶牛来支付。"
- "你总是一再让我吃惊。"

"稳固型"伴侣

"稳固型"行为风格的人会鼓励伴侣,支持伴侣实现自己的目标。他们相处融洽,喜欢共度一段美好时光,与伴侣分享轻松、安静而平和的氛围。对伴侣来说,"稳固型"稳妥可靠、值得关爱、让人觉得舒适、平静而忠诚,尤其是对人会积极做出反应。产生摩擦是由于他们的行为风格以情感为导向,他们不会直接挑明问题,会很快将挑战看作威胁。

伴侣关系中的优点
- 作为家长是称职的
- 很少会真的赶慌
- 不管时代好坏都接受
- 不会轻易让自己心烦意乱
- 让人觉得舒适、轻松愉快

- 是个好的听众，会表露同情心
- 朋友少，但都很亲近
- 能力强，有毅力
- 可以较好地管理事务
- 经常扮演调解和斡旋的角色
- 避免争执和冲突
- 在压力下仍然表现得友好
- 表示抗拒时会找到最轻微的方式

伴侣关系中的瓶颈

- 很难行动起来，尤其是碰到让人吃惊的变化
- 遇到困难时就无法掌控家庭财政
- 会挫败、降低伴侣的热情
- 老是不闻不问、无所谓的样子，比方说面对新的或有变动的计划
- 责备伴侣
- 如果自己无法前进，就会嘲笑、挖苦伴侣
- 做事不以目标为导向
- 总是缺少内在的动机
- 不喜欢被伴侣催促
- 冷漠、慵懒、毫无主见
- 只是扮演旁观者身份，话语太少

性格发展建议

- 对待变化要试着更加坦率
- 表现较大的灵活性
- 为了实现目标，做事要更快一些
- 学会表达自己的思想、意见和情感
- 跟阻碍打交道要有艺术

> 学着快速做出决定

跟钱打交道

"稳固型"会保证自己收支平衡——其伴侣也是如此。钱对他们来说是：
> 改善与朋友和家人关系的手段
> 美化他们"爱人"的生活良方
> 要求伴侣认可的机会
> 在家里得到安定、和谐的保证

"稳固型"男性的需求
> 通过长期坚持而取得成绩来赢得关注和尊重
> 希望他最亲近的人会赞赏他的成绩
> 希望付出体力来珍爱和照顾伴侣并维持关系
> 想要通过严肃的认可和诚实的赞许来构建自我
> 在稳定关系里，通过逐渐接纳伴侣来构建信任

"稳固型"女性的需求
> 给予伴侣关怀，也是为了得到伴侣的关怀
> 为了更好地被伴侣理解，给他展示自己的同理心
> 要求对方诚实，即便这对伴侣来说偶尔是困难的
> 使出全身解数在伴侣面前表现得热情四射
> 为了安稳起见会放弃自己的性格，认为"笼中之鸟虽不自由，但是安全"
> 为了清楚地向伴侣展示她需要时间和关注，而不给伴侣关爱

如何在私人交往中跟"稳固型"搭话
> "你对伴侣的同理心，以至于对方会觉得如果他（她）割破了皮你也会流血。"
> "你谨小慎微。我观察过，你会非常细致地观察后才开始做事。这样我就

可以完全相信你的判断。"

> "我希望也有你这样的直觉。你有类似'第七感'的东西。"

> "我爱你，因为你是如此值得爱。"

> "我感觉可以跟你谈任何话题。"

> "我希望别人也跟你一样可以信任。"

> "我欣赏你的坚韧和忠诚。"

> "你总是提前计划。我知道，如果你能阻止一件事，就不会发生什么坏的意外。"

"认真型"伴侣

如果"认真型"行为风格的人跟其伴侣有着共同目标，他们就可以非常高效地在一起生活，并且互相支持。一旦目标不同，"认真型"就觉得难办了。他希望事事都要做得正确。但对"认真型"来说是正确的，对其伴侣而言可能复杂而麻烦。他在伴侣关系中也倾向于表现得喜欢分析、严肃、谨慎、有序和准确，并且首先是对任务和尚未完结的项目做出反应。一旦出现人际关系困难，他会倾向于采取避免态度，而伴侣也会觉得他生硬、古板。

伴侣关系中的优点

> 确立高标准

> 想要万事做得正确无误

> 牺牲自己的意愿

> 支持伴侣的学习意愿和天分

> 退居幕后也乐意，避免让他人目光聚焦到自己身上

> 以自己的时间计划为导向

> 坚持不懈，从头到尾

> 处事讲究方法，组织有序

> 能看到问题和困难

> 长时间寻找好的解决方案

- 想要终止已经开始的工作

伴侣关系中的瓶颈
- 期望过高，确立太高标准
- 太过准确
- 在社交中感觉不安全
- 压制关心
- 容易记仇而且有报复心理
- 不把人性摆在第一位
- 会被不完美的状态挫败
- 喜欢选择困难的任务
- 着手做事时会犹豫
- 花太多时间来规划
- 难以满意
- 目标不现实

性格发展建议
- 专注于做"正确"之事，而不是正确地做事
- 不要用太过批判的态度对待伴侣的观念和方法
- 要乐于做出决定，须知"好"胜于"完美"
- 不要太过关注事实，多关注人本身
- 经常尝试一下可以预见的冒险
- 要变得"厚脸皮"一点，不要太敏感

跟钱打交道
"认真型"会花很多时间管理自己的账户，做到收支平衡。金钱对他们来说是：
- 安定未来的源泉
- 对付陌生和不可预见之事的堡垒

- 规避风险、奋起打拼的基础
- 提供节约机会，以备"荒年"

"认真型"男性的需求

- 通过清晰地展现能力和才干来赢得尊重
- 需要伴侣对他的观念和方法表示欣赏
- 希望作为一个集体的固定成员有稳固位置（比如家庭）
- "正确"做事，获得伴侣对他的正确和忠诚的认可，以此来构建自我
- 因为自己始终如一的行为（言行一致），而期望得到信任

"认真型"女性的需求

- 作为她忠诚的回报，她期望获得认可
- 为了更好地被伴侣理解，用事实和数据解释自己的观点
- 为人诚实，不理解为什么伴侣经常不是这样
- 用让步的方式争取展示自己热情洋溢的一面
- 让事情变得可以预料，以此来创造安全感
- 准确规划时间，不太喜欢被打乱

如何在私人交往中跟"认真型"搭话

- "我很欣赏你的周到和细致。"
- "我总是可以指望你做事客观。我不知道没有你我该怎么办。"
- "你对一切都有兴趣，我觉得这很有益，也能鼓舞人心。"
- "我赞赏你精确而周全地考虑一切。"
- "我知道，如果必须正确地做什么，我可以指望你。"
- "在我认识你之前，我全然不知道'静水深流'的真正含义是什么。"
- "如果要弄清楚一件事，我想首先跟你商量。"
- "你是个很好的倾听者。当我跟你讲我对一件事的想法之时，你会全神贯注。

 概览

怎样跟自己的伴侣相处得更好?

如果你的伴侣是高度"强势型"
- 回答要简要、直接
- 说明要做的事,但不要解释原因
- 强调期望结果
- 提供更多的选择可能性(比方说在度假时是去甲地或乙地)
- 赞赏他的逻辑理念和处事方式
- 同意提到的事实或他的主意
- 说话不要直来直去
- 要料到他没有认真考虑过风险
- 要料到他没有权衡正反面意见

如果你的伴侣是高度"能动型"
- 强调新的有趣的东西
- 展现你的表达能力
- 重视好友的意见或反馈
- 避免掌控谈话或滔滔不绝
- 跟他打交道要认可他,要表现得自发和幽默
- 全神贯注听他说话
- 多花时间来稳固共同关系
- 欣赏他热情洋溢的处事方式
- 要料到他忽视的重要事实

如果你的伴侣是高度"认真型"
- 接受他对整洁的热爱
- 消除疑虑或矛盾时总是要彻底和完整
- 理解他对安定的考虑
- 详细回答他的提问
- 重视他对事实、逻辑和细节的兴趣
- 支持他不管做什么(刷墙、度假旅行、买车等)都要有个书面确认
- 讲话不要太带感情色彩
- 要料到他需要很多细节和信息
- 要料到他做决定时保守而谨慎

如果你的伴侣是高度"稳固型"
- 全神贯注听他说话
- 若他要找出目标,你要有耐心
- 对他表达你的欣喜、爱意和可靠
- 给他展现你为他达到目标提供的支持
- 跟他打交道时要表现得坦率、热心和友好
- 讲话要放松、轻言细语
- 要料到他实际上不会让步
- 接受他等待观望的做事方式
- 要料到他对你的建议会先保持沉默

性格和小孩教育

父母跟孩子交往时总想要最好的效果，但经常弄不清他们是不是做了"正确之事"而害怕犯错误。在早期小孩的性格已初步成形，观察个体区别是很有意思的。在孩童到"成人"性格的社会心理发展过程中，幼儿园和中小学时期有着特殊意义。这两个阶段也对孩子的社会行为有着决定性影响，其中还包括父母或者首个相关人的影响在内。在成长过程中，孩子逐渐脱离了周围环境和家庭保护，随着年龄增长，他的受影响范围得以扩大。借助别人对他行为的反应，他学会了顺应他人的期望。

另外，在多半无意识的情况下，孩子认识到了他在一个群体内的社会角色和价值，并加以发展。在这一发展过程中，孩子的角色定位是会不断变化的，而外部环境及其变化对孩子的要求会起到重要作用。

家庭教育经常关心的问题是奖赏或表扬在我们看来正确的行为，或者批评我们认为是错误的举动。结果就是：因为完成任务而得到奖赏的孩子，其自我价值观会主要建立在他们的行动（"做了什么"）而不是其性格（"怎样做的"）之上。父母得防范这一点，并促进孩子的性格培养。我们的阐述会向你展示如何了解孩子已经发展得清晰可见的行为风格，并增强他们的自我价值感。

本章有关小孩教育的内容旨在促使作为"家庭教育者"的你对自己的行为做出反思。此外，目的还在于激发你去观察孩子。正如你将看到的，他们将会在不同的人生阶段展现不同的行为风格。

你绝对不要把本章内容看作现成的"成功教育的宝典"，但它可能会给你带来巨大的帮助，指引你探究自己孩子不同的行为风格。要注意的是，此处无意对你的孩子进行分类，而是为了让各种典型行为清晰化。

"强势型"孩子

有"强势型"行为趋向的孩子表现出强烈的意愿，并试着控制每一个场景。不管是在露天游泳池里、吃饭、还是玩耍的时候，他们总是表现得"强硬"而积极。他们喜好竞争，不喜欢失败。如果有什么事不顺意，他们就会大肆发作。通常情况下，他们提很多问题，给自己和父母都不留休息时间。他们很难接受拒绝，这对他们意味着"对此我没有问够"。他们能知道父母的软肋在哪儿。因为他们总是直言不讳，所以也非常容易伤人感情。他们觉得道歉是件难事。

以下哪些符合你孩子的情况，在选项框里画"√"

重要的性格特征

- ☐ "我知道我要什么，而且会遵循这个目标。"
- ☐ 想立刻看到结果
- ☐ 常常追求冒险，胆大冒失
- ☐ 喜欢竞争
- ☐ 常常无视传统行为规则
- ☐ 坦率地质疑指引事务运行的规则

个人喜好

- ☐ 喜欢负责和掌控
- ☐ 敢于与众不同
- ☐ 喜欢新的挑战和风险
- ☐ 喜欢新式活动

在压力之下

- ☐ 如果事情必须完成，他会独来独往、单独行动
- ☐ 如果他的个人愿望或独立性面临被破坏的危险，他会变得不耐烦而且有攻击性
- ☐ 需要自由空间

性格发展建议

> 练习耐性和感同身受的能力
> 学习体谅别人

最大的内心需求

> 喜欢因为自己的所作所为而受到赞赏

成人如何帮助他们

> 让"强势型"孩子自行决定并监管某些事务
> 展示"强势型"孩子的局限,支持他们接受这些限制
> 找到正确对待怒气爆发的途径
> 帮助"强势型"孩子处理失败,清楚地告诉他们本人并不会因此就是失败者

"能动型"孩子

有着"能动型"行为趋向的孩子总会倾向于积极表现,几乎无法忍受一个人待着。他们会快速地说:"我不知道该玩什么。"他们有奇妙的点子,却无法执行到底,因为很快就失去了兴趣或又有了新的主意。"他(她)不能安静地坐一分钟"是"能动型"孩子的父母常常挂在嘴边的一句抱怨。他们会冲动行事,相信任何人。他们也是敏感的,会记住别人对他们的看法,如果出现对立情况,他们会很为难。如果某人制造了障碍,他们的友好可以迅速地变为愤怒。他们坦诚地展现情感,需要很多温存体贴。

以下哪些符合你孩子的情况,在选项框里画"√"

重要的性格特征

- ☐ "对我来说,要交到新朋友很容易。"
- ☐ 发自内心地对待他人,相信大家都是好人
- ☐ 能坦率地对待他人的情感
- ☐ 想要影响他人
- ☐ 想要有"存在感"
- ☐ 充满能量和热情,健谈,喜欢跟人打交道

个人喜好

- [ ] 寻求认可
- [ ] 喜欢逗他人开心
- [ ] 为了发挥个性需要自由，不愿被细节等牵绊
- [ ] 厌恶常规和批评
- [ ] 偏好积极的、自发的人际关系

在压力之下

- [ ] 会变得马虎大意、没有条理、抱有不切实际的乐观主义或过于感性
- [ ] 常常出口伤人，然后逃避
- [ ] 过度付出感情

性格发展建议

> 把时间分成小块，培养紧迫感
> 控制感情，做到客观
> 强化耐力

最大的内心需求

> 收获情感上的共鸣，永远得到鼓励

成人如何帮助他们

> 在组织性事务方面支持"能动型"孩子
> 教"能动型"孩子行事更决断、更直接
> 给"能动型"孩子解释：不人云亦云可能是有用的

"稳固型"孩子

有着"稳固型"行为趋向的孩子喜欢成为团体的一部分，因此他们在体育锻炼时喜欢加入球队。因为他们做事速度慢，所以接受新鲜事物不是很快。他们可

以很好地跟固定的、准确定义的程式打交道。处于熟悉的环境之中，他们会感觉最为舒适和安全。他们不喜欢惊奇、中断或频繁的变动。凌乱和危机可能导致他们的内心极大不安。比起其他孩子，不稳定的家庭会带给"稳固型"孩子更大的折磨。他们会跟很多人处得不错，如果父母注重家庭关系，他们会感到尤其舒适。

以下哪些符合你孩子的情况，在选项框里画"√"

重要的性格特征

- [ ] "我了解别人对我的期望，这时我感觉最为舒适。"
- [ ] 倾向于内敛和平静
- [ ] 跟很多人相处甚好
- [ ] 团队活动会调动他的积极性
- [ ] 坚持任务不放，注意聆听

个人喜好

- [ ] 喜欢尽可能地一成不变
- [ ] 喜欢跟人一起完成所有的可能性任务
- [ ] 喜欢他人认真的赞赏
- [ ] 避免变化、冲突和对峙
- [ ] 重视安全和稳定的环境

在压力之下

- [ ] 太过于顺应他人，想要讨人喜欢
- [ ] 有犹豫不决的倾向
- [ ] 为了避免变动，把事情化小

性格发展建议

> 要多一些决断、灵活性和对变化的接受

- 多主动出击
- 不要执念于怨恨忿怒
- 占有欲不要太强

最大的内心需求
- 被人看作小大人，得到尊重和关注

大人如何帮助他们
- 让"稳固型"孩子理解常规和守则不利的一面
- 鼓励"稳固型"孩子多一些决断
- 让"稳固型"孩子清楚地意识到自己当下的情感
- 教"稳固型"孩子不要附带个人感情地看待他人意图

"认真型"孩子

具有"认真型"行为趋向的孩子很早就开始用分析的方式思考问题了。在孩童时期，他们就已经开始严肃地对待人生。不管他们做什么，都必须符合其想法。他们很早就形成了对秩序的感知。他们会把玩具码放齐整，整理拼图板，按时完成作业。通常他们会有一个专门的地方摆放玩具，一切都清理得干干净净。如果他们的高标准无法达到，那么他们常常要跟挫败感作战。他们更喜欢独自做事。"认真型"孩子会避免冲突，更喜欢让步。他们会发现别人对他们的期望，借此很快就可以学会跟他人友好相处。提要求时，他们也表现得较为间接、迂回，而不是开诚布公、直来直去。

以下哪些符合你孩子的情况，在选项框里画"√"

重要的性格特征
- ☐ "我必须正确地做事，一旦犯错我就觉得不舒服。"
- ☐ 有行动彻底和准确的动机
- ☐ 表现谨慎和好奇

- [ ] 有高度的个人成绩标准
- [ ] 大多数情况下有理

个人喜好
- [ ] 在人群里宁愿表现得更为仔细、安静和专注
- [ ] 要求讨论事实
- [ ] 为了能够专注于重要细节而希望安静
- [ ] 决定事情之前必须保证它们是有意义的

在压力之下
- [ ] 会变得胆小而迷茫
- [ ] 展现完美主义、强迫症
- [ ] 逃避，需要时间把所有事情理一理
- [ ] 考虑太多，比方说"如果怎么样，会发生什么？"

性格发展建议
> 培养对矛盾冲突和人性局限的更大忍耐力

> 学会表达情感

最大的内心需求
> 在心照不宣的情况下永远被庇佑

成人如何帮助他们
> 帮助"认真型"孩子更多地关注自己是"谁"，而不是在做"什么"

> 确保"认真型"孩子作为人的价值地位

> 耐心回答"认真型"孩子的问题，并解释"为什么"

如何了解自己的家庭教育方式？

自己的教育方式跟偏好的行为风格——"强势型""能动型""稳固型""认真型"直接相关。如果你已经完成了"家庭"这个板块的1×1测试，你可以直接参照那里的结果（参见11–13页）；否则请重新做一下相关测试。我们的引言跟家庭生活直接相关，为你再现了不同教育行为的典型实例。肯定有这样或那样的例子是你熟悉的，可能在你小时候还出现过。哪一种是你更喜欢的教育行为呢？

高度"强势型"父母的话语
> "你有多少朋友会去我不管，反正你不能去。"
> "做快一点。"
> "这个你做得好。"
> "现在控制自己，你可以做好的！"
> "在我这里要这样做！"

高度"能动型"父母的话语
> "我不是给你们烤了美味的糕点啊？"
> "我祝你们周末在爷爷奶奶那儿过得愉快！"
> "嗨，我们完全忘了为庆祝会采购！"
> 在第五次之后说："伊尔泽，这事我是最后一次跟你说了！"
> "我为你们感到自豪，我爱你们！"

高度"稳固型"父母的话语
> "你们这些孩子想喝点什么吗？"
> "注意穿暖和点！"
> "不要老吵架，这让我很烦！"
> "你的计划我虽然不喜欢，但如果你觉得……"
> "为啥你们现在都想去露天游泳池啊？说好的看电影呢？"

高度"认真型"父母的话语

> "你做得不错,但是……"

> "必须要讲点规矩,所以……"

> "这个你做得很棒,尤其是……深得我心!"

> "请集中注意力。"

> "记得我们周六晚上有个家庭聚会。"

 概览

父母策略

探究你孩子的行为风格，目的是更好地理解他，并支持他的优势。

你孩子的行为趋向	你可能在孩子身上发现的性格瓶颈	你应该支持孩子身上的性格优势
强势型	> 不耐烦 > 以自我为中心 > 无法平静下来 > 先发制人 > 执拗 > 轻率 > 太过直接 > 不能感同身受	> 以目标为导向 > 能说服他人，满怀信心 > 能取得结果 > 跟他人竞争 > 坚定果断 > 有勇气 > 直接而坦率 > 回答快速
能动型	> 容易激动，带感情色彩 > 滔滔不绝 > 不切实际 > 无计划 > 一时冲动，无纪律性 > 喜欢捣鬼 > 从自己所处环境出发 > 喜欢做白日梦	> 充满激情 > 是很好的聊天对象 > 乐天派 > 积极参加活动 > 自发的 > 能让人信服 > 喜欢交朋结友 > 想象力丰富
稳固型	> 阻止变化 > 犹豫不决 > 做事速度太慢 > 有时太过安静 > 太过于顺应外界 > 不健谈 > 容易捣鬼 > 依赖性太强	> 坚定不移 > 稳定 > 有系统性 > 淡定自如 > 友好，能让步 > 是好的倾听者 > 可靠的 > 喜欢分析
认真型	> 有批判意识 > 不合群 > 操心太多 > 易受伤害 > 完美主义 > 害怕别人批评自己的工作 > 给自己施加压力 > 自以为是，目空一切	> 审慎严谨 > 认真 > 严格 > 敏感，从本能出发 > 井井有条 > 做事正确 > 有较高的个人标准 > 好奇心强，喜欢提问

怎样更好地支持"强势型"和"能动型"孩子?

按孩子们的内心需求来支持他们的成长。

"强势型"孩子

> 需要准确定义事务范围,在其中他们能承担责任并实施掌控。责任领域应随着孩子年龄的增长而扩大。

> 需要挑战、竞争、变化,还有做决定的机会。

> 必须学会理解,尽管目标正确也有可能不成功,但这跟个人失败无关。

> 必须得到指点,明白界限有多么重要。

> 帮助孩子深思熟虑地完成任务,也给他指点一下何时可以结束。

> 活在一个由现实和结果而不是感情构成的世界里。以过去的矛盾为例,教会孩子去感知和理解那些受伤或失望的人。

> 若想纠正孩子的行为,必须要准确清晰、有条理地知道所有信息。如果要求或惩罚显得不那么逻辑严密或公平公正,他们会质疑你的举动,并试着就处罚讨价还价。你在表述时要简洁精练。在对峙以后要给他们机会反思,之后再谈论此事。

"能动型"孩子

> 需要一个友好的外部环境和许多乐子。不断鼓励是"能动型"孩子成功的关键。一句鼓励的话会比批评或吼叫收效大得多。

> 早早地就要指引他保持房间整洁并正确理财。

> 必须学会把一些东西写下来、自我安排、做事善始善终。你要一直在他左右,并在实践中指点他,让他逐步实现你的期望。经常表扬他,这对他有好处。

> 必须学会在不利场合表现得立场坚定而直接,而不是受人影响迅速改变主意。

> 需要他人的认可。为了寻求归属感,他们会效仿别人。

> 做出成绩后,想为此得到表扬,但不希望同时听到改进意见。他们需要一个不会评判他们行为的环境。

> 比其他行为风格类型的孩子需要更多关爱和亲昵。

怎样更好地支持"稳固型"和"认真型"孩子？

按孩子们的内心需求来支持他们的成长。

"稳固型"孩子

> 需要一个稳定而安全的环境。若有必要变动，要跟他们解释变化可能会给他们的生活带来什么影响，给他们足够的时间来适应变化。

> 需要个人支持和真诚的肯定。孩子想讨每个人喜欢。表现得耐心点。他害怕对峙和冲突。他迫切希望能成为他人心中独一无二的人。不要因为他不提要求就直接忽视他。

> 引导孩子把他们的目标带到合作中来，并加以执行。

> 需要鼓励，鼓励他时而也用些不同的方式来完成任务。

> 在感情（包括生气在内）流露方面需要帮助。跟他们在友善的氛围里谈论冲突情境里的反应。

> 在定目标方面也需要指点，为此你要奖赏他们。将任务列在一张表上，完成一个就打"√"，"稳固型"孩子会表现得很出色。

> 早早地就提供多种选择可能性，让他们必须学会自行决定。

"认真型"孩子

> 深信这一点：如果我们爱他们，他们不必说出来我们也会了解他们的需求。想要了解他们的思想动态，就去探究他们的情感，帮他们用言语表达自己的感情。

> 需要时间来完成高质量工作。不要催促"认真型"孩子。

> 永远都不要说他们的问题或顾虑没意义，或者说他们吹毛求疵。这会让他们觉得自己的人生观并不重要。

> 必须学会在冲突情境或不完美状态下表现更大的包容性。谁都不会永远在理的——他们也不例外。

> 批判性强、经常抱怨。

> 经常把目标定得过高而无法实现。因此，他们总是在跟不足抗争。强调他们都有着宝贵的价值，而不是突出他们要做什么，以此来增强他们的自信。向他们展示如何利用他们的长处和能力取得大的成功。

> 他们喜欢独自行事。不要拒绝或抗议这个评价。让他们在独处和参与之间实现"自然"转换。

如何建立孩子的自我价值观？

在我们列出的话语之外，你也可以找到符合你个性、喜好和文化背景的个人事例和表述。

对孩子的肯定和鼓励

以下肯定是跟你对他人性格的看法相关。这些话语会增强所展现的行为，并支持他人的个性发展。你把孩子表现出来的行为强度视为可以接受（长处）还是过头（瓶颈），取决于你看问题的方法。

对"强势型"孩子你最好说：
- 我喜欢你着手做事并全程参与的方式
- 我很高兴你用自己的方式来接手这些事情
- 如果你完全专注于一件事，你能完成的程度会让人吃惊
- 我觉察到你为了取胜是在全身心投入
- 看起来你知道自己要什么并为之努力
- 你能很诚实、准确地表达你感知事物的方式
- 你对一个情境反应迅速，并为之寻找解决方法

对"能动型"孩子你最好说：
- 你的热情是有感染力的
- 你有表达自己的思想、意见和理念的天分
- 你很热心参与到周围发生的所有活动中去
- 我欣赏你能很快投身到事务中去的方式
- 你有调动他人积极性的独特能力
- 你真的喜欢与人打交道，也想要他们都喜欢你
- 多么妙的主意啊！你有着如此丰富的想象力

对"认真型"孩子你最好说：
- 这工作做得确实太好了！你每一步都准确而仔细地考虑了
- 我知道，你所做的一切事情都是深思熟虑的
- 你做事如此勤奋。我欣赏你总是使出全力的态度
- 我喜欢你关注他人思考和感受之事的方式
- 我可以指望你做事精准
- 你花了很多时间和精力来确保事情做得正确无误
- 为了找出原因，你想明白一切可能的东西，这是一个好招数

对"稳固型"孩子你最好说：
- 喜欢永远如一的东西没有问题
- 做了决定就要坚持
- 你抽时间把事情做好，我觉得这很好
- 因为你有适应能力，所以你跟每个人都处得好
- 你专注聆听他人的方式会给人留下好印象
- 我重视你富于同情心的性格和你的好心好意
- 我总是可以得到你的支持

 **概览**

给父母的教育建议

知道了你自己的教育行为风格,接下来就是建议了——你如何根据个人的行为风格来更有效地"引领"孩子,跟他们更好地沟通交流,恰当地迎合他们的行为节奏,克服自己的性格瓶颈。

教育重点	"强势型"父母	"能动型"父母	"稳固型"父母	"认真型"父母
你如何"引领"孩子	➤ 你不可能总是掌控一切,要接受这一点 ➤ 你要知道,你的孩子有可能不再对你的"强势"指令做出反应,如果这些永远都是命令性质的	➤ "能动型"的父母必须学习运用一些"高度强势型"和"高度认真型"的能力,这样他们就不会陷入一种无效的、包容过头的教育方式中 ➤ 集中注意力,更多地倾听	➤ 谁一再允许孩子逾越界限,从长远来看谁就会给孩子带来伤害 ➤ 所有愿望都得到满足的孩子可能会依赖父母,即便孩子早已成年	➤ 如果孩子解决任务的方式跟你完全不同,你要允许他发挥创造力 ➤ 防止孩子走向完美主义
你如何跟孩子沟通交流	➤ 不要过快回答,而是提供解释,尤其是你给孩子发布完成任务的指令之时 ➤ 允许孩子提出问题,但不要被逼得招架不住	➤ 如果要给孩子指出他的局限,就要保持连贯。清楚地表示,你说"是"就确实表示赞同,说"否"就意味着反对 ➤ 不要尝试使用劝说的手段 ➤ 不要想着你总是必须解释一切	➤ 坦率地流露你的情感。如果你生气,就大声说出来,而不是自己咽下这口怨气 ➤ 表现得坚决些,严格遵守你为自己定下的明确规则	➤ 不要期望孩子可以读懂你的心思 ➤ 不要提过多问题,否则看起来会像一场审讯 ➤ 不要用太多解释和细节苛责孩子

给父母的教育建议

教育重点	"强势型"父母	"能动型"父母	"稳固型"父母	"认真型"父母
你如何顺应孩子的节奏	> 对孩子的慢节奏不要没有耐心 > 掌控你的节奏，这样你跟家人都会有机会和闲情来放松一下	> 转换到慢节奏。如果你不注意这一点，你的快节奏可能会给孩子造成高度的紧张或压力	> 有时候你得给孩子展示快节奏，并敢于从你的"舒适区"走出来。如果这是必须的，你要经常采取主动	> 放松自己，至少在家庭聚会时表现更多的灵活性 > 要料到他人会比你更快地做出决定。这些人并不会因此就比你差
父母该注意自己的哪些性格瓶颈	> 如果你误会了或犯了错误，要坦诚承认。表现出抱歉的样子并请求原谅	> 要意识到你说"不"会觉得困难。即便你的孩子一时对你生气，以后他们也会感谢你的	> 偶尔留点时间给自己，这并非就是不关爱他人。每周至少计划一次活动，为你乐于向他人释放的"感情储存器"充电	> 要注意的是，你对孩子承担的任务、义务和工作不会比孩子本身更为重要。要意识到没人总能把所有事情做对这一事实，并把这一观点传达给孩子

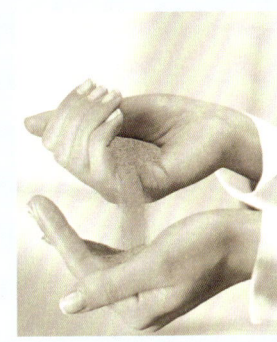

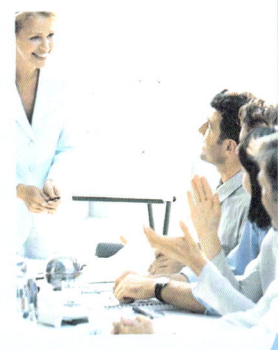

四、执行

我们不光为所做之事承担责任,也对未做的事负责。

——莫里哀

制定个人顺应策略

跟他人一起生活或工作，重要的是意识到每个人都不一样。因此我们要有顺应能力，并学会跟不同的人用不同的方式来打交道，不管是跟我们的员工、队友、客户、朋友、伴侣、父母，还是孩子。

重要的是区分顺应能力和操纵。培养顺应能力并不意味着掌控他人，因为所谓"操纵"的意思是，在别人不知情的情况下，有意识和目的地影响别人，而且往往违背他人意愿，或者通过挑选、附加或删除的方式有意歪曲信息。

与之相反的是，"顺应能力"则意味着让我们自己的行为顺应一个人或情境的特殊需求。

在有些情境下，我们极有意识地努力发现并满足他人的内在需求，这会展示我们有多大的顺应能力。如果你刚坠入爱河，要想一下这个问题，或者当你初为父母，把孩子抱在手里的时候：你的心思和行动，无不是围绕着你的那个人打转。时间一长，你就会发现，顺应的"正确尺度"意味着什么。原则上来说是这样：

> 低顺应能力意味着，我们在不同情境里基本没有或完全没有改变个人行为
> 如果顺应能力高，我们几乎在所有情境里就只看到他人并做出相应举动，就像我们认为这是大有必要的一样

以上两个极端都没有什么行动策略意义。最佳的行为是，一方面完全做真实的自己，另一方面敏锐而专注地判断什么时候有必要顺应他人，以及这具体又意味着什么。

我们不能通过直接行动来改变他人，但如果我们让自己的行为适应他人需求，那么别人是会对我们的行动做出积极反应的，因为他的需求得到了满足。

自测
你有多大的顺应能力？

一般我们会认为自己比实际情况要有更高的顺应能力，现在请你做出评价。以下你会找到指向较高顺应能力的一些行为风格，请稍微考虑一下每句话，根据你对自己所处环境的评价来回答。

我的行为	强		中		弱
	1	2	3	4	5
1. 我追求共赢的人际关系					
2. 我态度坦诚，灵活性强					
3. 我乐意改变自己来迎合他人需求					
4. 我给他人的印象是想跟人相处融洽					
5. 我更多地通过自己的力量来影响各种情况和结果，而不是通过我的权力位置					
6. 我会确保他人觉得舒适					
7. 我能处理好感觉不适的情境					
8. 我会注意别人的言行					
9. 我有耐心，是个好的聆听者					
10. 我会考虑让别人觉得舒心					
目前得分：					
	×1	×2	×3	×4	×5
最后得分：					

为了测出你自己的顺应能力，请把分数加起来。

评价：

你的顺应能力分数：

> 介于 10 ~ 20 分：特别能顺应他人

> 介于 21 ~ 30 分：有较好的顺应能力

> 介于 31 ~ 40 分：不太能顺应他人

> 介于 41 ~ 50 分：到现在为止，你还不具备顺应能力

如何培养较高的顺应能力？

顺应能力依场景而定，取决于所涉内容。在工作场合，我们大多更愿意去顺应他人，因为我们想留下一个好印象。而私下里，我们回到原样的可能性较大。

顺应能力是：
> 一种态度——我们要有那个愿意
> 一种能力——我们要从具体情况出发

我们不应该停留在现有的顺应能力上，而是可以多加学习，改变自己。这对很多人来说却有困难，因为我们一再重蹈旧习。

以下表格提供了较准确的顺应能力的实际行为导向：

你的行为趋向	"强势型"	"能动型"	"稳固型"	"认真型"
到现在为止你不太重视的	决定你周围的人和情况	把别人的认可看作最重要的动力来源	与新思想对着干；害怕冲突和改变	表现完美主义；强调自己和他人的缺点
从今天起要尽量做到的	> 有耐心 > 肯定他人 > 对他人坦诚 > 乐意倾听	> 倾听者而不是发言者 > 坦诚对待数据和事实 > 做好准备 > 有组织和条理	> 表达意见直来直去 > 坦诚对待谈话和讨论 > 坦率地对待变化 > 有适应力	> 解决问题要更加灵活 > 坦诚对待他人观点 > 乐意分担风险 > 感同身受

培养更高顺应能力的步骤

为了改善你顺应他人的能力，你需要按照五个步骤进行：

1×1– 性格顺应策略的五个步骤

第一步
通过观察了解他人喜欢的行为风格。

第二步
顺应他人的社交需求。

第三步
培养对待有着不同行为风格之人的积极态度。

第四步
找出你可能会在某些人那里引发哪些紧张关系；识别矛盾区域。

第五步
运用你培养所得的顺应能力，满足他人的社交需求。

每个员工、上司、客户、朋友、伴侣或孩子都对我们怀有期望。我们需要找出对方在什么情况下觉得不舒服，然后观察他的行为，调整我们自己的举动，以减轻紧张感，让对方觉得更为舒适。他人跟我们的性格越是不同，这种顺应也就越困难。

第一步：通过观察了解他人行为

检测表的"粗略估计"能帮你了解到他人主要行为风格的暂时情况，比方说在交谈中。

仔细观察对方的实际举动，即他所做的、所说的，尤其是他怎样说的。要注意：
> 肢体语言，比如站姿、手势和表情
> 表达方式，比如声调、语速和音量
> 话语中的真实信息，比如表述、内容等

首先检测一下，看看对方的反应是倾向于确定型还是内敛型。这样你首先可以把他们区别为两大类，"强势型"和"能动型"，或者是"稳固型"和"认真型"。然后，观察一下日常生活中的其他行为风格。

如果你把那个人定义为确定型，那就检测一下：
> 倾向于喜好竞争和决定
> 倾向于侃侃而谈并且有影响力

这样你就可以区分"强势型"和"能动型"。这些行为风格的依据你可以在后面的检测表里找到。

如果你把那个人定义为内敛型，那就检查一下：
> 倾向于乐意接受并执行
> 倾向于慎重斟酌和思考

这样你就可以区分"稳固型"和"认真型"。这些行为风格的依据您可以在后面的检测表里找到。

如果你确定了谈话对象的主要行为趋向，接下来也许又会发现指向另一种行为风格的行为风格。这很正常，因为每个人都会展现多种行为风格。把我们同他人区别开来的，是这些行为趋向的不同比例的组合。

 概览

1×1- 性格检测表：粗略估计

以下各个场景中都可观察到一种行为趋向，各选一种最能清晰展现这种趋向的行为风格。

第一步检测

这个人偏向……

……确定的、直接的？
- 很快进入正题
- 偏向于健谈、表达能力强
- 说话声音大
- 直来直去

还是

……内敛的？
- 需要时间
- 更喜欢多问
- 轻言细语
- 有礼有节

第二步检测

这个人倾向于……

……喜欢竞争和行使决定权的？
- "强势型"行为
- 给人自我封闭的感觉
- 面部表情冷冰冰、有距离感
- 让人觉得不带感情色彩
- 坚定不移
- 专注于"事情"
- 以目标和结果为导向

还是

……健谈而富有感染力的？
- "能动型"行为
- 让人觉得坦诚
- 面部表情生动
- 给人热情洋溢之感
- 不恪守常规
- 专注于"人"
- 以他人和接受度为导向

……多一些评判、喜欢思考？
- "认真型"行为
- 给人自我封闭的感觉
- 手势和表情语言较少
- 表现得有距离感
- 中规中矩
- 专注于"原因"
- 以方针和标准为导向

还是

……多一些接受、喜欢执行？
- "稳固型"行为
- 给人坦诚之感
- 面部表情温和
- 让人觉得能感同身受
- 轻松自然，喜欢倾听
- 专注于"方式"
- 以稳妥和支持为导向

第二步：顾及他人的人际需求

现在我们想看一看，面对以下四种行为风格类型，你怎样更有效地表现并顺应他们。

	"强势型"	"能动型"	"稳固型"	"认真型"
面对……我如何才能表现得最为有效	表达得直接一点 ▸ 首先提及结果或收益，只有必要时才说明细节 ▸ 速度要快，立即切入主题 ▸ 挑战"强势型"	展现热情 ▸ 赞同他人，表现得友好点 ▸ 表扬"能动型"；支持他的自我价值感 ▸ 向"能动型"传达你需要他这样一种感觉	展现你的友谊 ▸ 向"稳固型"展现你的友谊 ▸ 把事务看轻松点；不要提醒"稳固型"注意目标 ▸ 不要催促"稳固型" ▸ 让"稳固型"用自己的速度做出反应	表达得条理清晰点 ▸ 告诉"认真型"准确的事实 ▸ 向"认真型"客观介绍你的想法 ▸ 不要催促"认真型" ▸ 要细致而精准
我如何说服	关键问题： **什么？** ▸ 专注于结果 ▸ 首先展示最后结果 ▸ 回答"收益是什么"	关键问题： **谁？** ▸ 表现出情绪和热情 ▸ 告诉"能动型"重要人物的意见 ▸ 回答"另外有哪些人也做了同样的事？"	关键问题： **怎么样？** ▸ 举止要友好 ▸ 抽出时间给"稳固型" ▸ 回答"你想我用什么方式来完成这项任务？"	关键问题： **为什么？** ▸ 对"认真型"来说，"正确"做事很重要 ▸ 逐步展示要做的事 ▸ 回答"为什么你要改变这些事？"

	"强势型"	"能动型"	"稳固型"	"认真型"
我如何领导	目标和结果 ▶ 告诉"强势型"是"什么事",让他自行决定"怎样做" ▶ 让"强势型"掌控和负责成为可能 ▶ 清楚地定义责任	团体和肯定 ▶ 涉及新理念、新项目和新员工,要问问"能动型"的意见 ▶ 在他人面前表扬"能动型"的业绩 ▶ 让"能动型"获得乐趣成为可能	团队和关系 ▶ 对"稳固型"来说,共同完成任务很重要 ▶ 维系好关系 ▶ 给"稳固型"提供和睦的环境 ▶ 防止矛盾冲突的发生	目标和质量 ▶ 对"认真型"来说,找到最好的路径来完成任务至关重要 ▶ 要表现得乐意与"认真型"密切合作 ▶ 给"认真型"正确做事的时间
如果我跟……有不同的意见	同意他的目标或掌控欲望 自问一下:"为什么你认为那是最好的途径?为了达到目标,你还想过其他可替代方案吗?"	同意他的愿景或目标设想 要往前看一点。"能动型"会为很多事起带头作用,但很快就会转向另一件事。	同意共同合作 抽出时间给"稳固型"解释,意见分歧并不会损害你们的交情。	就眼前现实达成一致意见 收集事实。"认真型"是不会被感性呼吁或言辞艺术说服的。

第三步:培养对待他人的积极态度

我们会有如下倾向:拿优点去评价有着(跟我们)同样行为风格的人,而用缺点去评价有着(跟我们)不一样行为风格的人。

培养对待他人的积极态度,并主要用优点去评价他们。通过他人的优点来赢得自身的利益,并通过自己的优点来弥补他人的缺陷。

	"强势型"	"能动型"	"稳固型"	"认真型"
优点	自信 速度快 精力充沛 以目标为导向 乐于做出决定 要求高	有吸引力 热情奔放 反应迅速 乐于交友 有感染力 主意多	支持他人 有耐心 有预见性 有团队精神 忠诚 可以信赖	细致 有条理 喜欢秩序 世故 勤奋刻苦 批判性的
缺陷	自高自大 喜欢赶超 喜欢决定 不肯让步 乐于控制 要求过高，苛责	容易激动 装腔作势 过于急躁 喜欢套近乎 喜欢操控 变化无常	不独立 付出一切 不知变通 低眉顺眼 屈从他人 依赖他人	死板拘泥 呆板执拗 过分挑剔 拖泥带水 没有乐趣 不信任人

第四步：识别冲突领域

我们用某种确定的方式做或者不做某些事，都会在他人那儿引发紧张感。

你会在某种性格类型的人那里制造紧张感的行为：

	对方表现 "强势型"行为	对方表现 "能动型"行为	对方表现 "稳固型"行为	对方表现 "认真型"行为
你表现 "强势型" 行为	你会有非常强烈的控制趋向，如果因此对方掌控局势的自由和可能性受限的话	你会有强烈的结果导向，并因此对舒适的氛围不太感兴趣	养成不愿抽时间来倾听的习惯，让你认为时间比人际关系更为重要	你行动迅速，由此导致你做事不彻底；让你非常愿意冒险
你表现 "能动型" 行为	你会缺乏目标导向，会做出过于强烈的情感反应，并滔滔不绝	你会追求被认可，尤其是当你因此而降低了对他人关注的时候	你诸多的人际关系会流于表面；导致你行动迅速	你对细节缺乏兴趣，反应全凭一时冲动

	对方表现 "强势型"行为	对方表现 "能动型"行为	对方表现 "稳固型"行为	对方表现 "认真型"行为
你表现 "稳固型" 行为	你会对变化产生抗拒，会有封闭的倾向	行动迟缓，缺乏热情	缺乏主观能动性，特别是当对方因此而不得不采取主动的时候	对你来说人际关系比任务重要
你表现 "认真型" 行为	你会行动迟缓，行动会讲究方法，不太会愿意冒险	你会以细节为导向，缺少自发性	倾向于不向对方展示你的真实想法	会追求超越对方，把事情做得更精准、更正确

很多矛盾都是可以避免的，大多数还是可以预见的。因为其他行为类型的人也是用不同的眼光来看待世界，所以人际关系中的紧张也是有预兆的。

遇到矛盾冲突，我们首先期望他人改变行为，而我们自己却不太乐意如此。可是，你自己不改变，谁来改变呢？

第五步：运用培养所得的适应力

查看一下，要改善你与他人之间的关系，以下所列要点哪些对你自己来说是重要的。

强势型

> 学会聆听
> 多关心他人
> 不要只允许一种意见
> 提供更多支持
> 表现更多坦率和温情
> 多点耐心
> 解释原因
> 少施展一些控制

能动型

> 速度再放慢一点
> 控制情感
> 评价行动的价值
> 锻炼持久耐力
> 少发言，更专注地倾听
> 专注于细节和事实
> 专注于结果
> 少些冲动行事

认真型

> 表现得更坦诚、更灵活些
> 多相信直觉
> 反应更快点
> 更重视人际关系
> 不要太注重事实
> 表现出更强的冒险意愿
> 培养私人交情
> 更加乐观一些

稳固型

> 敢于对峙
> 更直接、更乐于做出决定
> 学会说"不"
> 表现得更乐意做决定
> 做事速度更快一些
> 不回避对峙
> 不要太过敏感
> 专注于任务

为了改善你在工作场合或私人交往中的顺应能力,哪些是你下一步必须进行的、跟性格相关的重要步骤?

1. _____
2. _____
3. _____
4. _____
5. _____

性格发展规划

"强势型"的性格发展规划

最后，你会看到，面对四种行为风格类型，针对每一种我们都为你列出了有五个步骤的适应策略的总结。

	面对"强势型"	面对"能动型"
第一步：识别行为类型		
第二步：理解他人的社交需求	› 直来直去 › 回答"什么事"的问题 › 达到目标和结果 › 赞同他的目标，接受掌控	› 表现出热情 › 回答"谁"的问题 › 团队合作和认可 › 对他的想法和时间规划表示赞同
第三步：培养积极态度	› 乐于做决定，独立性强，效率高，讲求实际，坚定不移	› 有吸引力，热情洋溢，感情充沛，喜欢结交，亲切和蔼
第四步：识别矛盾区域	› 倾向于过分掌控 › 倾向于过分掌控他的自由和机会	› 倾向于很少说出表扬和鼓励的话语 › 有着强烈的结果导向
第五步：运用所习得的顺应能力	› 较少行使掌控 › 给予"强势型"更多的行动自由空间	› 更频繁地对"能动型"说出表扬和支持的话 › 更经常地聆听；更灵活，更多地关注人本身

	面对"认真型"	面对"稳固型"
第一步：识别行为类型		
第二步：理解他人的社交需求	> 学会分析 > 回答"为什么"的问题 > 确保目标和质量 > 重视数字、数据、事实和有逻辑的行动方式	> 展现你的友谊 > 回答"怎样做"的问题 > 组建团队合作和人际关系 > 强调一致性和共同点
第三步：培养积极态度	> 细致的，持续的，喜欢秩序，严肃认真，勤奋刻苦	> 支持他人，意愿度高，靠谱，可以依赖，乐于赞成
第四步：识别矛盾区域	> 行动迅速，并因此缺乏持续性 > 非常愿意冒险	> 倾向于不愿花时间来倾听 > 觉得时间比人际关系重要
第五步：运用所习得的顺应能力	> 有耐心，做事细致 > 抽出更多时间来收集事实，以此来降低风险	> 有耐心，不那么直接 > 多专注于私人关系；更诚挚、更坦率

"能动型"的性格发展规划

（第二步和第三步参看第106–107页）

第一步：识别行为类型	面对"强势型"	面对"能动型"
第四步：识别矛盾区域	> 缺乏结果导向 > 表现强烈的情感	> 倾向于减少应该给予他的关注 > 如果不涉及自己的想法，就会缺乏热情
第五步：运用所习得的顺应能力	> 以结果为导向 > 更好地掌控我的行为和情感	> 给"能动型"更多关注 > 支持各种想法，经常表扬"能动型"

第一步：识别行为类型	面对"认真型"	面对"稳固型"
第四步：识别矛盾区域	> 缺少对细节的关注 > 自发性，冲动性	> 行动过快 > 自己的某些人际关系会流于表面
第五步：运用所习得的顺应能力	> 更多关注细节和事实 > 不那么冲动	> 放慢我的速度 > 与"稳固型"建立深厚的关系

"稳固型"的性格发展规划

（第二步和第三步参看第 106–107 页）

第一步：识别行为类型	面对"强势型"	面对"能动型"
第四步：识别矛盾区域	▸ 我更喜欢轻松不拘的聊天 ▸ 我讲话间接，不愿意接纳变化	▸ 我做事缓慢 ▸ 我缺乏热情
第五步：运用所习得的顺应能力	▸ 对他人想法的反应更加直接，不那么敏感 ▸ 更坦率地对待变化	▸ 做事速度更快 ▸ 对他的主意表现热情

第一步：识别行为类型	面对"认真型"	面对"稳固型"
第四步：识别矛盾区域	▸ 对批评比较敏感 ▸ 关注人本身，更喜欢轻松聊天，对细节不感兴趣	▸ 倾向于不喜欢主动出击 ▸ 表现得不坚定
第五步：运用所习得的顺应能力	▸ 更多关注细节和事实 ▸ 不那么冲动	▸ 放慢我的速度 ▸ 与"稳固型"建立更深厚的关系

"认真型"的性格发展规划

	面对"强势型"	面对"能动型"
第一步：识别行为类型		
第二步：理解他人的社交需求	> 直来直去 > 回答"什么事"的问题 > 达到目标和结果 > 赞同他的目标，接受掌控	> 表现出热情 > 回答"谁"的问题 > 团队合作和认可 > 对他的想法和时间规划表示赞同
第三步：培养积极态度	> 乐于做决定，独立性强，效率高，讲求实际，坚定不移	> 有吸引力，热情洋溢，感情充沛，喜欢结交，亲切和蔼
第四步：识别矛盾区域	> 行动缓慢，做事更讲究方法 > 倾向于过分掌控他的自由和机会	> 过分集中关注细节和事实 > 过分批评他的主意
第五步：运用所习得的顺应能力	> 更快地反应 > 表现出更大的冒险意愿	> 较少集中关注细节和事实 > 乐观地对待各种主意

	第一步：识别行为类型	面对"认真型"	面对"稳固型"
第二步：理解他人的社交需求		> 学会分析 > 回答"为什么"的问题 > 确保目标和质量 > 重视数字、数据、事实和有逻辑的行动方式	> 展现你的友谊 > 回答"怎样做"的问题 > 组建团队合作和人际关系 > 强调一致性和共同点
第三步：培养积极态度		> 细致的，持续的，喜欢秩序，严肃认真，勤奋刻苦	> 支持他人，意愿度高，靠谱，可以依赖，乐于赞成
第四步：识别矛盾区域		> 倾向于任何事都要比别人做得更为正确 > 过分批评他的工作	> 倾向于不坦诚地展示自己的真实感受 > 对人际关系缺少兴趣
第五步：运用所习得的顺应能力		> 对他的想法更为灵活、态度更坦率 > 认可他的工作质量	> 告诉"稳固型"我的感受 > 与他或她建立人际关系

 **行动或练习**

你的性格顺应策略

现在,把优化你的顺应能力的五个步骤用到一个具体的人身上,他对你来说是个重要的人,你希望跟他相处得更有成效,比方说一位同事、客户或者家庭成员。

他(她)的姓名:

我最强烈的行为趋向是:

第一步:通过观察了解他人行为
他的或你的 DISG 行为趋向是:(参见第 99 页)

第二步:顾及他人的需求
他的或你的社交需求是:(参见第 101 页)

对这个人我如何表现?

我怎样说服这个人?

我怎样领导这个人?

如果我跟这个人意见不同:

第三步：培养对这个人积极的态度

他的或你的长处是：(参见第 102–103 页)

_____

_____

第四步：识别冲突领域

我有哪些行为风格会在他（她）那里制造紧张（参见第 103–104 页）

_____

_____

第五步：运用培养所得的顺应力

面对这个人，我应改一改这些行为风格（第 104–105 页）

_____

_____

提高你的性格效度

最后,你会看到具体的指点,告诉你在跟他人打交道时,怎样通过以下行为策略提高你的性格效度:

强势型

- 在行动之前,花更多时间来思考可能的后果
- 聆听并多考虑他人的想法、情感和经验
- 处理各种情况时做到"双赢"
- 阐述自己的思路,而不是仅仅说出结论
- 学习跟他人进行团队合作,而不是立即就想掌握领导权
- 在沟通和交际时多一些策略,培养一些圆熟的方法和技巧
- 因为他人的努力而认可他们

能动型

- 更现实地评价人和各种情况;不仅考虑正面信息,也要顾及负面的
- 学会有条不紊和及时完成任务的方法
- 培养坚定而直接地处理人际关系矛盾的能力
- 培养倾听和考虑他人消极想法和负面情感的意愿
- 处理重要的细节工作时,要表现得更具连贯性
- 培养更好的管理时间的方法
- 遇到小型会议和谈话,要估算好所需时间

稳固型

> - 培养对预料之外的变化做出反应的能力
> - 学会更快做决定的技巧
> - 为了澄清不明晰的局面，开展讨论
> - 寻找并接受新的挑战
> - 培养能灵活处理常规工作的能力
> - 为了更有效、更符合常规地组织工作，寻找合理的方法
> - 寻找有助于完成任务的辅助手段

认真型

> - 通过时间节点意识来平衡现有的质量要求
> - 不采取抗拒态度，仅针对自己成绩的批评意见做出反应
> - 挑他人成绩中的毛病不要太过，不仅要考虑事实还要顾及情感
> - 坦诚地跟他人分享知识和信息，分享时也听听别人怎么说
> - 培养自己的自知之明，训练恰当的情感表达
> - 培养就成绩标准与人协商的意愿
> - 更坦诚地对待他人的行为方式
> - 避免自以为是和拘泥刻板

我们希望，你能跟有着与你不同行为风格的人打交道，并与他们相处得更为融洽。

参考文献

1. Blanchard, Kenneth, mit Zigarmi, Patricia und Drea: Der 01-Minuten-Manager: Führungsstile. Neuausgabe TB, Reinbek b. Hamburg:Rowohlt, 2002.

2. Boyd, Charles F., mit Boehi, David und Rohm, Robert A.: Was für Eltern braucht mein Kind? Wege zu einer typgemäßen Erziehung. 7. Aufl. Wuppertal: R. Brockhaus, 2007.

3. Crisand, Ekkehard, Rahn, Horst-J.: Psychologie der Persönlichkeit. Eine Einführung. 9. Aufl. Hamburg: Windmühle, 2010.

4. Friedrich, Kerstin; Malik, Fremund und Seiwert, Lothar: Das große 1×1 der Erfolgsstrategie. EKS®-Erfolg durch Spezialisierung. 16. Aufl. Offenbach: GABAL, 2011.

5. Gay, Friedbert: Das persolog® Persönlichkeitsprofil. Persönliche Stärke ist kein Zufall. Mit Fragebogen zur Selbstauswertung. 38. Aufl. Offenbach: GABAL, 2009.

6. Gay, Friedbert und Herzler, Hanno: Ich brauche dich und du brauchst mich. 5. Aufl. Wuppertal: R. Brockhaus, 2006.

7. Hoberg, Gerrit und Vollmer, Günter: Persönlichkeitsprofile: Beobachten – einschätzen – verändern. Stuttgart und Dresden: Klett, 1994.

8. Küstenmacher, Werner Tiki, mit Seiwert, Lothar J.: Simplify Your Life. Einfacher und glücklicher leben. 16. Aufl. Frankfurt und New York: Campus, 2008.

9. Seiwert, Lothar: Das Bumerang-Prinzip: Mehr Zeit fürs Glück. Life-Balance: Gesünder, erfolgreicher und zufriedener leben. 3. Aufl. München: DTV, 2008. (www. bumerang-prinzip.de)

10. Seiwert, Lothar: Das neue 1×1 des Zeitmanagement. Zeit im Griff, Ziele in Balance. 33. Aufl. München: Gräfe und Unzer, 2011. (www.seiwert.de)

11. Seiwert, Lothar: Die Bären-Strategie: In der Ruhe liegt die Kraft. 7. Aufl. München: Ariston, 2011. (www.baeren-strategie.de)

12. Seiwert, Lothar: Simplify Your Time. Einfach Zeit haben. Frankfurt und New York: Campus, 2010.

13. Seiwert, Lothar: Wenn du es eilig hast, gehe langsam. Mehr Zeit in einer beschleunigten Welt. 15. Aufl. Frankfurt und New York: Campus, 2011. (auch in englischer Sprache »Slow Down to Speed Up«, Frankfurt: Campus, 2008.)

14. Simon, Walter (Hrsg.): Persönlichkeitsmodelle und Persönlichkeitstests. 15 Persönlichkeitsmodelle für Personalauswahl, Persönlichkeitsentwicklung, Training und Coaching. Offenbach: GABAL, 2006.

网址

电子通信

> Simplify 邮件

www.simplify.de

> Seiwert 建议

阅读一分钟即可保持一周的心理平衡

简短的电子通信，可即刻用于实际生活（免费，每周出版）

www. Lothar-Seiwert.de

脸书

在脸书上成为我们的朋友：

> facebook.com/Friedbert Gay

> facebook.com/Lothar Seiwert

推特

在推特上成为我们的粉丝：

> twitter.com/persolog

> twitter.com/Seiwert

> twitter.com/TimeTip

补充内容

还有一些 DISG 性格模型未能囊括在内的行为风格:

如果你……

- 会生气,因为必须环湖走而不能直接通过
- 感到有一种强迫感,想要在交通高峰期指挥市中心车流量很大的十字路口的交通
- 沉浸在对往日美好时光的回忆中,那时候用决斗来解决意见分歧尚且合法

……那么你的"强势型"性格成分明显太高!

如果你……

- 想在你朋友的电话答录机上留言,但是必须前后打四通电话来留下所有信息
- 有兴趣读一本书,并且邀请朋友过来跟你一起读
- 想帮助一个老太太过街,而实际上她压根就没有这个打算

……那么你的"能动型"性格成分明显太高!

如果你……

- 试着弄清楚你的车加满 10 升汽油可以跑的准确公里数。然后在绿灯亮时停下不走,因为你觉得公里数跑完了
- 从同事那里获赠了一张飞往新几内亚的没有回程的机票,因为你要在当地的猎头那里待上几个星期
- 需要一刻钟来给你朋友解释到你家的路,尽管离他住的地方就隔着两条街

……那么你的"认真型"性格成分明显太高!

如果你……

- 聆听一个兜售地毯清洁剂的销售代表宣传半个小时之久,而你的房子铺的却是瓷砖
- 在联邦议院大选那一天把票投给赫尔姆特·科尔,尽管他早就不在备选名单上了
- 为公司郊游写了一份长达五页的详细报告,尽管上司只是让你确认一下你所在部门有多少员工参加了活动

……那么你的"稳固型"性格成分明显太高!

你的性格计划

现在请你确定,你在阅读和研究这本书时认为什么最为重要,并且想要具体实施。

我想要更深入地探究并在下一步具体实施的是什么?

1. 我个人行为风格最大的优点是:

2. 我个人行为风格最大的缺陷是:

3. 我将做些什么来提高我的适应力?

4. 我想更好地跟他人的哪些行为方式打交道?

5. 我想跟哪些人改善私人关系?

他们的名字: 我打算具体改变什么:

立即开始:"现在不行动,何时行动?"

发现性格

谁能更中肯地评价自己和他人,他(她)跟很多事打交道就要更容易一些。借助这本书,去发现"性格"这一引人入胜的主题吧:

> 为什么性格如此重要	> 你的性格对伴侣关系有何影响
> 怎样理解性格	> 你怎样在伴侣关系中设置其他重点
> 你自己表现出什么样的行为风格	> 你的行为对教育小孩有何影响
> 行为可以怎样描述	> 你如何按照不同类型的行为风格来促进孩子的成长
> 你的行为风格如何影响你的时间管理	> 教育小孩中还可考虑哪些个人策略
> 对你的个人时间管理有哪些建议	> 你怎样更好地顺应他人
> 你在团队中的分工有何特点	> 你怎样不断向前发展
> 你还能如何提高在团队中的效能	> 你怎样从总体上变得更有效能

图书在版编目（CIP）数据

性格 /（德）洛塔尔·赛韦特，（德）弗里德贝尔特·盖伊著；何俊译. — 西安：太白文艺出版社，2018.10

ISBN 978-7-5513-1484-8

Ⅰ.①性… Ⅱ.①洛… ②弗… ③何… Ⅲ.①性格－通俗读物 Ⅳ.①B848.6-49

中国版本图书馆CIP数据核字（2018）第178202号

Das neue 1×1 der Persönlichkeit by Lothare Seiwert and Friedbert Gay
Copyright © 2004 by GRÄFE UND UNZER VERLAG GmbH, München
Chinese language (simplified characters) copyright © 2018
by Phoenix-Power Cultural Development Co., Ltd.
All rights reserved.

著作权合同登记号　图字：25-2018-075号

性　格
XINGGE

作　者	［德］洛塔尔·赛韦特　［德］弗里德贝尔特·盖伊
译　者	何　俊
责任编辑	彭　雯
特约编辑	盛　利
整体设计	Metis 灵动视线
出版发行	陕西新华出版传媒集团
	太白文艺出版社（西安北大街147号　710003）
	太白文艺出版社发行：029-87277748
经　销	新华书店
印　刷	三河市华润印刷有限公司
开　本	710mm×1000mm　1/16
字　数	50千字
印　张	8.5
版　次	2018年10月第1版　2018年10月第1次印刷
书　号	ISBN 978-7-5513-1484-8
定　价	29.80元

版权所有　翻印必究
如有印装质量问题，可寄出版社印制部调换
联系电话：029-87250869